專利戰略

経営戦略としての知財

專利如何讓我們
準確預測趨勢走向，
思考戰略布局？

前本田技研工業智慧財產權部部長
久慈直登
許郁文 譯

推薦序

用智慧財產權連結世界與台灣

林宗宏（中華民國專利師公會前理事長）

今逢久慈直登先生在台發行他的第二本鉅作：《智財戰略》（日文原書名：経営戦略としての知財），並意外受邀為即將發行的中文版撰寫推薦序，深感惶恐與榮幸。

久慈先生在二〇〇一年到二〇一一年間擔任本田技研工業株式會社的智慧財產權部長，對本田在全球智慧財產布局及運營的成功可說是居功厥偉，我也有幸在久慈先生任內代理該公司的專利業務，協助本田技研的智慧財產權專家在台灣行使專利權。在當時，我便對本田的積極態度及專業能力留下深刻印象，也因而對智慧財產權制度的作用有更深一層的了解。久慈先生其後致力於著作，積極而無私地向全球讀者及產業推廣他數十年浸淫智慧財產與企業經營的心得及智慧。我在讀完此次新作《智財戰略》的日文原版後，更感受到智慧財產權制度在全球化時代的新一層意義，為久慈先生在智慧財產權領域的高度景仰不已，更希望有更多讀者像我一樣得到啟發，乃不惴簡陋，為序如下。

重新思考專利制度的目的

我在三十幾年前加入理律法律事務所開始從事專利工作之初，就被灌輸這個基本概念：「對於符合專利法規定的技術，國家賦與一定期間內的權益保護，以換取發明人將其技術公開，就是專利制度的目的。」這句話現在也還寫在我國智慧財產局官網的「認識專利」專頁中，數十年不變。但是，世界真的就是這樣運作的嗎？我其實懷疑了無數次。

舉一個例子，在互相連動的網路世界中，發明人的技術一旦刊登到台灣的專利資料庫，全球就可以幾乎沒有時間差的搜尋到完整的技術內容，但發明人得到的專利權卻只限於在台灣這個小島有效，付出跟收穫極不對等。

再舉另一個例子，在互相連接的世界中，各種開放型創新橫跨產官學研各界、甚至集合大中小型各種規模的企業組織體，其強調的是透過合作與分享，共同成就社會的進步。但這跟專利法透過獨占研發成果、促使社會進步的邏輯，不是剛好相反嗎？

後來我有機會到日本留學，回國後，藉著通曉日文以及在大型法律事務所服務之便，在很年輕的時候，就有幸能長期站在團隊的第一線，與日本的許多跨國企業及國家級研究機構的高層直接溝通，了解他們的想法。在這些一流的頭腦中，裝的是五花八門的智財策略；其中也有企圖靠包山包海的專利網試圖完全掌握整個市場的，但更多是連結世界上各具擅場的大小實體，共同創造出包含從高端到低端的產業鏈並加以管理的實戰策略。此外，他們對客戶說明的各種策略，也時常讓我嘆為觀止。透過這些經歷，令我一再確認了專利制度對產業發展的重要性，也了解了專利並不是「取得獨占權」那麼單純，還有更深層的目的。

事實上，台灣的專利訴訟少到一年約只有一百件左右，原告勝訴率更是低到只有一成多，可說專利訴訟在台灣其實少有實益，但台灣的專利申請量仍然高居全球前十名以內——關於這一點，各企業自然各有其經營策略，但也不能輕易宣之於口。然而，久慈先生在此次新作《智財戰略》中，不但娓娓道出這些經營策略與背後的考量，同時也毫不藏私且淋漓盡致地剖明跨國企業在高度互連的世界中，如何運用智慧財產權促進產業發展，值得企業經營階層、研發人員，或是直接、間接從事智慧財產權相關工作者深入研讀、細細品味。

從獨占走向合作，為智慧財產權的發展打開全新的視野

二〇一七年時，本書作者久慈先生就曾在台灣發行過其第一本大作：《專利戰爭》（日文原書名：喧嘩の作法），當時也在台灣造成轟動，對於還沒有讀過的讀者，我也推薦務必一讀。《專利戰爭》這本書強調的是戰爭（日文的「喧嘩」有打架的意思，翻譯成戰爭非常貼切），也就是把智慧財產權當做武器、發動戰爭，取得市場的優位性；其內容著重在權利的取得及權利行使等，與傳統智財教育中強調「獨占權」（或稱專有的排他權，專利權人依法得排除他人未經同意實施之權利）的主軸較為貼近，是專利師、律師以及企業智財部門的人員平常涉獵較多的領域。

然而，此次新作《智財戰略》則為讀者打開全新的視野，強調的是因應新的數位時代的專利戰略；傳統的權利取得及權利行使的觀念、作法與技能，在數位時代裡也必須有根本性的改變。

本書中，久慈先生開宗明義就強調，在ＡＩ促進數據互連的時代下，戰場本身就已經不一樣了，要從新的產業鏈形態的角度來思考智慧財產權的角色；而在資訊不斷加速流通之下，未來的世界將是一個更開放的社會，合作將更重於競爭，在全球規模的技術平台之下，小型企業、學校、甚至是個人的智慧財產都將更形重要；擁有智慧財產的主要目的，也將從「排除競爭」轉變成「促進合作」。在這個全新的視野之下，我們實在應該深思智慧財產權制度應如何超前部署，以免古典的智慧財產權制度反而成為社會進步的阻力。久慈先生特別在本書的第六章中，對未來的智慧財產權制度應有的形態提出他的具體看法，非常值得參考。

高度連結的世界中，台灣是不可或缺的一角

台灣所處的環境極為特殊，直接影響了台灣的發展模式。台灣是一個小島，欠缺天然資源，而且因為兩岸政治問題，長期被孤立於國際社會之外。但也因為這三個困境，台灣人才會付出加倍的努力，創造出現在的台灣奇蹟。一個欠缺資源又被排擠的小島，難以主導全球產業的走向；因此，要在這個高度連結世界中存活，只能不停地尋找自己的利基所在，發揮我們優良的腦力資源，努力成為龐大產業鏈中一個不可或缺的關鍵性的角色。這是我們經濟之所本，以及安全之所繫。

在這種條件下，台灣已成功地在晶圓代工、IC封測、高階自行車、光學鏡頭、機能性布料、茶飲，以及其他許多利基市場內，做到了世界第一，非常不容易。未來台灣要繼續發展數位資訊、資安、生醫、國防、綠能、民生等六大核心戰略產業，更須靠著全民智慧，在全球產業的大框架之下努力。久慈先生在書中特別強調的開放式創新（第三章）以及新創企業（第四章）的重要性，特別值得台灣借鏡。

在合作重於競爭的開放式創新模式下，智慧財產權的主要目的不在於透過訴訟排除競爭，而是透過智慧財產權的形成，證明自身在產業鏈中的價值；這些價值並不是靠產業外的法院認證，而是由在產業第一線的專家所認證，其價值將會更為真實，更為即時，也更為全面。

要充分因應這種經濟發展模式，台灣的智慧財產權制度仍存在一些精進的空間。中華民國專利師公會曾在二〇一九年底發表智財白皮書，提出了十大措施，今在本書的啟發之下，也許應該在二〇二〇年提出更全面性的建言。台灣跟日本的產業結構之間存在根本性差異，雖無法一一完整呼應久慈先生的睿智建言，但整體而言，不外乎希望能實現一個對於國內小型創新者及國際大型平台建立者都更為友善的智財保護環境，並促進各個環節的溝通與交流，以共同成就一個共好的全球產業鏈。例如：

- 對於學校及研究機構是否應該提供更充足的研發資源（呼應本書第四章第五節等）
- 對小型創新者是否應該提供更多的協助（呼應本書第四章第一節等）
- 智慧財產權領域的國際交流是否應該提升到更高的層級（呼應本書第一章第一節等）

- 國際標準相關（SEPs等）的新興智慧財產權問題是否應該有更完善的規範（呼應本書第五章第二節等）
- 公平交易法與專利法的競合的問題是否要形成明確的政策（呼應本書第六章第六節等）
- 智慧財產權談判人才的養成是否應該加強（呼應本書第三章第七節等）
- 對於國人申請外國專利是否應該要給予更多的協助（呼應本書第一章第五節等）
- 專利檢索的目的是否應該從攻擊防禦的思維升級到掌握企業本身定位的層次（呼應本書第一章第四節等）

凡此種種，待研究的議題其實堆積如山。台灣的專利師身負重任，將繼續跟社會各界攜手，為創建一個更好的開放式創新環境而努力。

百戰百勝，非善之善也；不戰而屈人之兵，善之善者也

久慈先生在前作中教我們如何打贏專利訴訟，而這本書則不談專利訴訟，將智慧財產權的定位拉高到全球合作的層次，教導我們如何利用智慧財產權取得市場優勢，這不正是孫子兵法：「百戰百勝，非善之善也；不戰而屈人之兵，善之善者也」之奧義所在？在現今的國際情勢之下，我國的科技產業在許多領域不斷受到全球產業鏈的肯定，逐漸成為這個高度連結的世界中不可或缺的一角，此時久慈先生這本書的問世恰好契合台灣發展的需求，我認為每一位關心台灣科技產業發展的人都應該細讀，故謹此推薦。

導讀

迎戰第四次工業革命的新戰場，企業智財戰略也需迎接新思維

智財散步創辦人／專利師馬克斯

專利戰「爭」與專利戰「略」的異同

距離替《專利戰爭》一書撰寫推薦序，一晃眼已過兩三年之久。曾在本田技研工業擔任長達十年智慧財產權部部長的作者久慈直登先生，擁有豐富的智財實戰經驗，以至於信手拈來都是案例，猶記得在智慧財產權產業資歷尚淺的我，拜讀之後深覺醍醐灌頂，明白了許多不明白。約莫是在兩三週前，依舊有智財從業人員於小群組內大力推薦著《專利戰爭》。

今年初，欣聞久慈直登先生的新書《專利戰略》準備於台灣上市，便引領期盼

著能夠早日拜讀！長年在日本及國際智慧財產權領域耕耘的他，在本書中就「如何在新時代之變革下，擬定更妥適的企業智財戰略」的議題，闡述了自身的觀察與觀點。若要筆者區別兩本書的異同——專利戰「爭」與專利戰「略」，其實從書名便可看出其所著重的差異點，《專利戰爭》主要講述企業如何把智慧財產權作為武器來進行市場的攻防保衛戰，即把智慧財產權視為一種戰術手段，而《專利戰略》則強調新戰場的來臨，企業須以更高的戰略目標來看待、管理與運用智慧財產（嚴格來講，用「智慧資產」一詞更能符合久慈直登先生所要傳遞的想法），即把智慧資產的管理納入企業經營戰略內。

特別要提到，筆者認為這兩本書唯一不變的，是久慈直登先生總期盼著智財從業人員應該放大自身之視野與價值的呼籲。

新戰場：第四次工業革命

究竟，久慈直登先生筆下的那個新戰場，出現了什麼變革？世界經濟論壇創始人兼執行主席克勞斯・施瓦布（Klaus Schwab）在《第四次工業革命》（*The*

Fourth Industrial Revolution）一書便提及物聯網（IOT）、大數據（Big Data）、人工智慧（AI）等科技，正在推動著這一波新的工業革命向前進，並且與過往幾次工業革命不同的是，前述技術之間的融合與交互運用，讓第四次工業革命的傳播速度更快、影響範圍更廣。

久慈直登先生在《專利戰略》的開頭便直指「第四次工業革命」浪潮來襲，各式技術和各種商業應用皆已紛紛改變，例如過往曾難以取得與運用數據，如今卻是大數據和人工智慧相輔相成的時代，也因此國家、產業乃至於企業都不得不研擬新政策及新對策來回應。筆者也相當認同此一波的科技應用，將重新形塑各行各業，若用智慧財產權領域來舉例的話，每一年高達三百萬件以上的專利申請量雖然構築出龐大的專利大數據，但借助應用人工智慧技術的專利檢索與分析工具，智財從業人員反而可更專注於策略與決策而非檢索作業。

除此之外，企業擁抱創新的方法也在改變，根據世界智慧財產權組織（WIPO）於二〇一九年底的報告《創新版圖：地區熱點，全球網路》，近年來全球創新活動朝向更多的國際團隊合作，並且有著聚落效應。久慈直登先生在書中也點出，隨著開放式創新、全球型態的產學合作、擁抱新創企業等合作創新模式的出現，企業必須更全面地思考處理智慧資產的方法。

時代在變、思維要變，但企業的智財戰略變了嗎？

「今後的智慧財產權部門應該將管理智慧資產當成自己的工作，而且也是避無可避的工作。」久慈直登先生大聲疾呼。

但捫心自問，我們的思維有改變嗎？企業的智財戰略有改變嗎？二〇一四年，資策會科法所第一次發布針對我國企業的《企業智慧財產現況與需求調查報告》，今年三月最新的調查報告再次出爐，相互比較之下，雖然企業配置智財人員的比例從七四%上升至九一%，然而智財人員所需負責的智財業務卻一如既往，「專利商標檢索與申請」及「清單維護與規費繳交」等基礎事項仍舊是日常，「競爭監控與市場分析」或「智財權評價」等運用事項在過去五年來始終占比不高。

智財戰略應納入「數據」與「開放式創新」思維

若想要讓智慧資產的管理走入企業經營戰略之中，智慧財產權部門就必須在傳統的智財管理之上，擁抱更多的新思維。《專利戰略》一書以相當大的篇幅說明

「數據」與「開放式創新」思維將如何影響著智慧財產，首先，必須要認知到「數據」實質上就是一種智慧資產，而智慧資產不僅只有智慧財產權，還包含了商業情報（有趣的是，若能換個角度看智財相關資訊，會發現它也蘊含商業情報）。對於總是侷限在智財世界悠遊的智財專家，久慈直登先生建議踏出這個工作範圍，用更廣泛的視野來揉和數據。

其次，這是個全球企業迫切期望藉由外部創新來整合內部創意的時代，智財從業人員理當也要具備這樣的思維並調整企業智財戰略，其一是呼應前述，要更全面地運用躲藏於智財資訊身後的商業情報；從資訊中洞察更深層的情報，如研發的進程與技術成熟度、研發團隊組成與研發能量、產品商品化的重要關鍵因素及潛在供應商與合作夥伴等。其二，要更靈活地運用及管理智慧資產，除了將其視為可用以排除他人的權利之外，也可把它當成與其他單位進行合作的授權工具，對於與外部合作夥伴共同創造的成果產出，更應該用共享、互利的心態來管理智慧的結晶。

最後，常聽聞企業的智財單位並不被器重！要我說，新時代的智財人啊，何不逐步地嘗試擁抱《專利戰略》書中的新思維？你將收穫智慧資產管理帶來的豐收果實！

前言

撰寫前作《專利戰爭》已是二〇一五年的事。在那之後，不過四年的時間，智慧財產權與世界卻有了翻天覆地的變化。

曾有一位讀過前著的讀者問我：「如果是你，看到這種新變化會如何擬定戰略？能否為此寫一本書呢？」

坊間的書店裡已有許多以第四次工業革命及中國急速發展為題的相關書籍，我心想，現在應該沒有我能寫的領域了吧！但在翻開這些書籍之後，發現裡面引用了大量數據，也有許多對日本企業或日本大學的看法，但並不正確。相較於其他國家的數據，其中對於日本的看法都是一些表面、不合時宜的內容，而且還不太友善。

這些一流評論家的書之所以會充斥這類內容，是為了迎合潮流、引用相關數據，再訂定出可能暢銷的書名。評論家不需要在產業現場負擔任何責任，只要指出該產業的問題，他們的任務就算結束。但這些書的目的應在於讓身為企業人士的讀者了解，遇到問題之後該怎麼做。因此，若本著自己會如此擬訂戰略的心情寫這本書，或許這本書就還有點意思。

我撰寫前作時，第四次工業革命還不是個一般人耳熟能詳的詞彙。在一九六〇年到二〇〇〇年這四十年間，日本企業的智慧財產權活動以大量申請為目標；而在二〇〇〇年到二〇一五年這段期間，則以積極行使權利為目標，所以前作也是以權利的行使作為主要內容。

今後的智慧財產權活動必須面對數據與開放式創新。在實務上，資訊負責人與契約負責人的重要性將會與日俱增。本書的目的是要說明：在這個以資訊、契約為中心的時代裡，該如何將傾全公司之力進行的智慧財產權活動，轉換成範圍更加寬廣的智慧財產戰略。

其實在前作出版的二〇一五年，時代將有所改變的徵兆就已悄然浮現，改變的契機在於同時出現的幾個現象：

①通訊技術從4G進入5G，IOT[1]不再受限，將大展拳腳。

1. 編按：Internet of Things，又稱為「物聯網」，是一種將現實世界數位化的技術。先以電子標籤標記人或物，之後透過IOT對經過標記的人或物進行識別、搜尋、管理、控制。

②全球陸續出現網路商業模型並取得成功，而傳統商業模式則節節敗退的例子。

③越來越多產業希望透過協調與合作創造更高的效率，因此將數據的共享範圍擴大，並開始在不同的國家共享數據。

④大量的數據透過雲端管理後，人工智慧（artificial intelligence, AI）急速進化，已不再單單是模擬電腦，而是模擬人腦的運作。

為了面對上述這四個現象帶來的變化，各國無不發布相關政策，不管是已開發國家還是新興國家都是如此。

日本有「Society 5.0」這個名詞。這是以狩獵社會為1.0，現今社會發展到第五階段的意思。但明明要談的是未來，卻刻意回溯至古代，還加上編號，真的讓人覺得這個名字是在模仿「Industry 4.0」。我覺得應該多花點心思想個新名字才對。

不過，藏在這個名詞背後的概念是好的。相較於「Industry 4.0」，只有製造業透過IT升級的意思；「Society 5.0」，則以能源、環境問題或其他社會問題為對象，希望受益的對象從個別企業延伸到整體社會。單就這一點看，各國雖然都提出政策，但相較之下，由政府提供的數據與資料仍較具參考價值。

因此，企業如何運用資訊是在未來取得成功的關鍵，這一點已是眾所周知的常識。

企業在不斷蒐集數據之後，透過ＡＩ從中找出機會，然後再透過網路尋找商機。這個流程是否順利，在於各部門是否能靈活運用數據與其他智慧財產，如果無法靈活運用，就無法凸顯出企業的獨特性，也會因此被淹沒在眾多企業之中。

一般來說，全球的技術資訊有七成屬於專利文獻，如此龐大的資訊也在智慧財產權活動中流動。利用之前培養的資訊處理技巧來掌握智慧財產在企業規模擴大後的整體狀況，這是非常合理的做法。

決定以開放式創新的方式與其他公司合作時，該如何挑選合作對象、該在何種條件下合作、該如何區分可共享或獨占的成果、及該如何調整商業利益，這些都屬於契約訂定方面的工作。當這類合作的規模越來越大，契約就越來越重要。

如果要知道企業內部該由哪個部門負責如此新型態的工作，答案就是讓智慧財產部門負責更多元的工作，這也是最簡單的方法，因為這會是其既有工作的延伸。不過，這類工作不一定非得在智慧財產部門內完成，企業內部可自行進行開放式創新，讓企業上下了解該如何處理智慧財產。

在二〇〇〇年之前，日本企業的智慧財產部門是以申請專利為主要業務。簡單來說，就是每天認命工作的兵工廠，或是一步一步前進的步兵部隊。而在二〇〇〇年到二〇一五年之間，受人矚目的則是以之前累積的專利作為武器，在全球行使權利的訴訟部隊。他們就像是能邊快速移動、邊有效打擊敵人的特遣部隊。當時也有像本田汽車這種手上隨時有一百件智慧財產權訴訟的日本企業，被告的對象包括中國企業、韓國企業，以及他們在新興國家設立的企業，戰績也幾乎是全勝。

申請專利或提起訴訟的工作仍然很重要，但在其後發光發熱的是資訊部隊與契約部隊。

為了強化這兩支部隊，就必須全面掌握社會與世界的脈動，時時對最新資訊保持高度警覺。當經濟合作的規模越來越大，如何面對世界各國的競爭法[2]、個人資料保護法或其他法規，就顯得十分迫切與重要，因為，沒有任何時間可以浪費。

我在產業界、行政機關以及學術界都有許多值得尊敬的朋友，我很想跟這些朋友一一說明自己的想法，也想聽聽他們的意見，但時間實在不允許。如果您在閱讀本書之後，對於日本企業透過智慧財產權合作這一點有共鳴，希望能一起針對這些日本企業的立場進行討論。

希望本書能對企業的業務部門、技術部門以及處理智慧財產權、智慧財產的人有所幫助。

前作包括許多主題，無法在此一一介紹；本書則盡可能以內容不重複的方式說明。其中有些部分與前作有關，各位讀者不妨藉此機會重新閱讀前作。

2. 編按：競爭法在各國的名稱不一。例如，台灣的《公平交易法》，美國的《反托拉斯法》（antitrust law），中國的《反壟斷法》等。

第1章　新戰場

第3章 日本企業的開放式創新

第4章 新創企業也是夥伴

第5章 世界的真相

第6章 近未來的智慧資產戰略

第 1 章

新戰場

1 世界經濟變化的方向

以GDP區分的世界四極

一般普遍認為，現今時代的趨勢已從日美歐的「三極時代」演變成中美歐的「三極時代」。中美歐各有自己的巨大市場，也由行政單位統一管理，所以這新三極的國家對世界的影響力將會越來越顯著。

不過，日本的實力仍不容小覷。

日本的市場雖然屬於中型規模，但只要出口暢旺，經濟規模就會放大。儘管進入二十一世紀後，電機或其他許多日本企業都各自因故失敗，但日本企業的整體潛力仍然持續增強。

日本市場雖然不會放大，也不會縮小，但是當兩國或多國之間的經濟合作機會增加，日本企業就有機會進軍海外市場。如果能掌握這類機會，日本仍然有機會躋身為世界第四極，為自己找到立錐之地。相較於歐洲的中小企業，日本中小企業進軍海外市場的比例非常低，但以樂觀的角度來看，其成長空間其實非常大。

據WIPO（World Intellectual Property Organization，世界智慧財產權組織）的數據指出，全球發明人的熱點共有十處，分別是東京—橫濱、名古屋；京都—大阪—神戶；巴黎；波士頓—劍橋；聖荷西市（矽谷）—舊金山；聖地牙哥、北京、深圳、首爾。

雖然這份數據是以數人頭的方式來統計發明人的人數，但不管是現在還是未來，這十個地區至今仍然絕對是帶動全球創新的地點。這十個地點之中有三處位於日本，必須更懂得透過戰略結合企業產出的創新與國家利益，否則明明擁有三處的優勢，市場卻萎縮的話，只能說是太不擅長於戰略的擬定。

只要稍微回顧歷史就會發現，從一九九〇年代後半開始，已開發國家於GATT（General Agreement on Tariffs and Trade，關稅暨貿易總協定）[3]的烏拉圭回合[4]同意開放自己國家的市場，也積極地將技術轉移至新興國家，並在新興

---

3. 編按：GATT為一多邊國際協定，有時會協調適用新貿易規範，自一九四八年以來已協調過九次，每一次新規範都稱為一回合。
4. 編按：一九九四年的規範，在本回合確定成立世界貿易組織來取代關稅暨貿易總協定。

國家增加雇用勞工，因此，新興國家也於接下來的二十年急速成長，三星電子或現代汽車（HYUNDAI Motor）就是這個時代前半段的成長象徵，後半段則由中國企業接手跟進。

這個狀況一直持續到二〇〇八年的全球金融危機，新興國家的成長因此放緩，全球的貿易規模也因而縮小。但是在過去二十年內掌握技術的新興國家企業，則因此茁壯為全球級的產業競爭者。之後，貿易保護主義盛行，將技術轉移至新興國家與增聘勞工的風潮隨即停止，尤其是當已開發國家開始在生產線上採用機器人時，已成長至一定程度的新興國家企業就將經歷前所未有的困境。

從各國二〇一八年GDP可以發現，目前的世界由日本與其他三個國家組成四極領導，若加上印度，就是五極。中國的數據或者存在灌水的成分，但中國與其他新興國家的成長力道的確已不如以往強勁，之後或許會因為中美貿易戰而停止成長。

日本的產業競爭力若能進一步強化，則日本在五極的影響力就能擴大。但產業競爭力是每個企業的競爭力總和，所以，就算將強化產業競爭力訂定為國家政策，仍然得仰賴各企業的努力才能達成。

根據OECD（Organization for Economic Co-operation and Development，經濟合

作暨發展組織）對世界經濟成長的長期預測：二〇一〇年，日本的ＧＤＰ在全球的比例約為七％，二〇三〇年將下滑至四％。從ＧＤＰ的比例來看，日本在全球的影響力等於削弱一半。

不過，不能把這個預測當真。所謂的「預測」，不過是以固定的評估方式計分，再算出總分的結果而已。

舉例來說，計分項目中，有一項從製造業轉型到資訊通訊業或服務業的項目，日本就是因為這部分的產業轉型太慢而被扣分。但實情是：日本的製造業太強了，所以才被認為轉型太慢。

換言之，評分標準不同，預測結果就會改變。評分方式不一定正確客觀，而客觀與否，會導致不同的預測結果。如果真的很在意、很想改變預測結果，可參考評分方式。看看日本與其他國家比較之後，哪些部分比較弱，再加強這些部分即可。這麼做雖然可以改變預測結果，但不一定有什麼真正的幫助。說到底，這不過就是一種評分標準而已。

各國ＧＤＰ的占比或許很難激發出什麼戰略，但若加入日本知名企業在全球相關領域的占比一併思考，或許就可將各企業的合作或智慧財產當成戰略的軸心或工具。

雖然現今全球陷入低成長期的低潮，但各國為了因應第四次產業革命這股新潮流，同時也為了擴大GDP經濟指標而不斷祭出各種政策，例如，限制數據跨境傳輸，或是在稅制上給予本國的研發機構稅制優惠。

2 變化的契機

難以取得數據的時代

GAFA（Google, Apple, Facebook, Amazon）可說是利用數據造就商機的成功典範。

在此之前，企業都是自行企劃、自行開發新技術與產品，以打造全新的市場。儘管每間企業都會先進行小規模的市場調查，也有自己的產品企劃，但這些終究是企業內部的想法，所以有些產品熱賣，有些卻乏人問津。市場由企業的產品企劃帶動，消費者只能接受企業推出的產品，卻很少有機會對產品提出意見。

所謂的新變化，就是將消費者的需求整理成數據後，再依照該需求來開發產品。消費者的需求通常非常多元，若不回應消費者的需求，就無法開發出能造成流行的產品與服務。而不管推出什麼產品，其性能與品質都會立刻在網路上被提出來與其他公司相同的產品作比較。為了因應這種情況，企業必須將觸角伸入網路，並透過網路了解消費者的需要。

早期汽車公司在開發汽車相關技術時，都只是利用現有的技術改良引擎或車身，只要做出所屬企業認同的產品即可。但現在則需要將消費者的需求納入考量，必須觀察都市交通的現況，也必須了解汽車該如何成為社會基礎設施的一部分，還有汽車與其他交通工具的關係等。

這些數據必須一邊整理一邊積極蒐集，只坐在原地等無法取得任何資料。所以，企業必須向外部張開天線，而開放式創新與網路正是所謂的「天線」。

AI的躍進

另一個變化就是AI。

儘管AI的相關研究從一九五〇年代就已經開始，但直到二〇一五年為止，AI都只是電腦的另一個名詞，改善的也只有數據的運算速度。

就算AI能透過計算得出事件的發生機率，但現實世界充斥著各種事件。常態分布曲線的頂點代表最高的統計機率，從頂點往兩側慢慢下滑後，機率也會慢慢降低，直到最後趨近為零，就代表該事件幾乎不會發生。

就機率而言，該事件的確是不太可能發生，但現實世界卻不是如此。例如，百年難得一遇的次貸危機就真的發生了，可見機率並不是百分之百可信。雖然這類機率極低卻實際發生的事件被形容成「肥尾風險」[5]，但真正的問題是因為AI無法處理這類事件。例如，若只憑機率來打造汽車自動駕駛系統，恐怕只會造成一堆交通事故。

自動駕駛系統必須先鎖定目前所在位置，接著擬訂從A點到B點的移動路線。上路後，還必須不斷偵測周遭的路人、障礙物、其他汽車的位置與動向，然後透過油門、煞車、方向盤等控制車輛。就算能不斷算出機率，但只要出現肥尾風險——例如，突然出現大霧、雷雨或是逆向的來車，自動駕駛系統就會無法應付。因為數據的處理需要耗費大量時間，運算出的結果無法在現實世界運用、也不具通用性。

AI的突破口在於開始使用GPU（Graphics Processing Unit，**專為即時影像處理設計的運算裝置或處理器**）。影像處理專用的GPU可一邊辨識圖樣，一邊

5. 編按：fat tail risk，即一些不尋常的事件增加極端行情發生的機率，從而導致市場行情大幅震盪。

處理大量數據，也可辨識圖樣的特徵再加以應用，所以，大霧與雷雨都只是一種圖樣。

ＡＩ以工程學的方式重現了神經細胞（神經元）組成的網路。在這個網路使用ＧＰＵ之後，幾乎等於打造出可辨識影像的生物大腦。這種利用ＧＰＵ處理影像的方式與人類右腦進行的處理方式非常相似。

儘管如此，ＡＩ的進化也只是這幾年的事，但世界卻因此而改變。從開始ＡＩ研究到今天，足足耗費了五十年以上的時間，但實際應用卻是這幾年內的事。

雖然ＡＩ如此進化，卻仍然得耗費大量的時間進行計算。因此，「量子電腦」的概念浮上檯面。量子電腦是應用量子邏輯計算的系統。例如，某個狀態共存是量子邏輯的特徵之一，而該特徵不僅會在兩位元的０與１狀態下，還會在這兩個狀態共存的情況下進行平行計算，如此一來，就能比兩位元更快完成計算。

假設量子的右旋為０，左旋為１，如果這兩種狀態並存的話，這兩個量子可以呈現００、０１、１１、１０等這四種狀態。光聽到這些，計算速度好像真的會變快。但是，如果套用量子纏結（entanglement）這個量子關聯性的概念，計算速度似乎會變得更快。

雖然量子電腦至今還無法實際應用，但已經有許多人在討論量子電腦該應用在什麼地方了。由於量子電腦可在短時間內處理大量數據，所以新藥、新材料的開發、金融商業模式、物流最佳化、風險分析等，理所當然地成為其實際應用的第一選項。

IBM在二〇一七年年底的記者發表會上指出，本田、戴姆勒等汽車公司；日本摩根大通集團等銀行；牛津大學、墨爾本等各大學，已共同開始討論量子電腦的應用之道。雖然這類新聞在當時也不是什麼萬眾矚目的頭條新聞，卻是指出量子電腦應用的未來方向的重要資訊。要提升對資訊的敏感度就應該注意這類資訊，並且反問自己：我們的公司是否要參與其中？這幾年，未來技術的相關新聞已如雨後春筍般冒出來，而且很自然地出現在我們眼前。

AI將如何改變我們的生涯

數據加上AI，會使變化加速。

AI要變得更聰明就需要大量的數據，數據越多，AI就會透過學習變得更聰明。如果這些大量數據只能存在自己的伺服器內，就得面對容量有上限的問題；但如果透過雲端，就能處理這些大量的數據。現今就是AI不斷進化，又能利用雲端處理大量數據的絕佳時機。

AI會根據數據分析、學習再提出機率較高的結果，這種學習的應用面就是機器人，或配備有機器視覺／語言處理的裝置。就這樣，全球也像是百花齊放般開始研究AI的應用方式。

以往許多工作被認為只有人類才能完成，但如今AI已經進化到能取代人類來完成這類工作。如果AI可以取代人類的智力，就能使用人類會使用的科技與軟體。此時就必須立刻檢討，要如何利用以人類為主體的倫理或規範來管理AI，也必須討論AI是否與人類一樣具有故意過失的法律責任。

假設AI操控的自動駕駛汽車發生車禍，責任是在AI的設計者？還是在管理者？還是得歸責於未實際操作，只是坐在駕駛座上的駕駛？全球都應該立刻開始討論這些和AI有關的法律問題，但目前這方面只跨出一小步而已。

對於法律學者而言，AI還只是一種妄想。因為每個人對於AI的想法都有些許差異，所以也遲遲難以透過討論取得共識。雖然有「弱AI」與「強AI」這種說法，但目前沒有人能夠明確區分這兩者。

3 把「專利」變成「資產」？

無形資產是稅務的專業詞彙

會計學或租稅法不會使用「智慧資產」這種術語。在會計學或租稅法的世界裡使用的，是比智慧資產的概念更加廣泛的「無形資產」（Intangible Assets）。日本的會計會將這個字說成「無形固定資產」（Intangible Fixed Assets），但這兩個詞只是字面不同，內容幾乎是一樣的。

無形資產的定義至今尚無國際標準，評估價值的方式也尚未定案。而企業會利用這個用詞尚無明確定義這一點來規避租稅。

順帶一提，國際會計準則「IFRS」（International Financial Reporting Standards）規定，能歸類為無形資產的資產必須具有「可辨認性」「企業可控制」「未來經濟效益」三要件，但該項資產是否已受到法律保護，則不在規範範圍內。不問是否受到法律保護這一點，意味著該項資產係按經濟價值加以判斷，所以就算已有在日本申請專利，但未在美國申請專利，也能毫無爭議地斷言該項資產在美國具有經濟價值。但若只從符合移轉定價稅務等方面的角度去考慮法律權利，則不夠周延。

ＯＥＣＤ移轉定價指導原則規定，無形資產並非有形資產或金融資產，這類資產是商業行為中被持有或支配的事物，並在可比較的環境下，由各自然人或法人運用或營利。因此，在使用或讓渡無形資產時必須支付對價金。

除了智慧財產權之外，技術訣竅（know-how）、營業祕密、公司名稱、品牌、契約上的權利、政府授權、使用許可、營業權、企業價值、團體綜效、市場特性的權利等，都屬於無形資產。

由於無形資產這類術語是用於會計或稅務的特定項目，所以一旦使用這個詞彙，就得談及稅務這種麻煩的內容。因此，本書採取更淺顯易懂的「智慧資產」這個詞彙。這個詞彙代表企業競爭力的來源，所以，任何事物都可以是智慧資產，而且定義非常簡潔，不需要過於吹毛求疵。

ＯＥＣＤ指導原則未定義的無形資產，包括數據、商業解決方案、平台網路、商業模型、合作關係、開放式創新與企業文化等，這些都可歸類為智慧資產。

英國智慧財產權雜誌雙月刊《ＩＡＭ》，就是以智慧資產管理的英文第一個字母縮寫來命名。我通常和《IAM》編輯部的人一年碰幾次面，交換日本與世界的資訊。前幾天當我提到「這本雜誌的書名真是有先見之明啊」時，他們竟露出不可思議的表情。看來，他們覺得將工作內容視為智慧資產是理所當然的事。

如何設置「資產管理部門」？

到目前為止，還沒有任何日本企業設立正面處理智慧資產的部門。

智慧財產權已經是個老舊的制度，能應付今後的產業競爭到何種程度，這一點著實令人感到不安。所以，企業必須更全面地思考處理智慧資產的方法。

尤其是數據與網路（包括法律的管理以及契約上的權利義務在內），更需要立刻建立處理相關智慧資產的制度。而因為智慧資產與智慧財產權的本質相似，若以智慧財產權的應用層面管理，應該更能夠發揮有效管理的效果。

今後的智慧財產權部門應該將管理智慧資產當成自己的工作，而且這也是避無可避的工作。

今後，全球企業的合作方式將產生巨大變化。隨著經濟合作的力道增強，國際企業之間的合作也將如火如荼地展開，在合作時得到的數據或合作關係，想必也會成為重要的智慧資產。各國在意識到數據的重要性之後，已實施跨境傳輸規範，以避免個人數據與產業數據被帶出國境。

這意味著，如果不多加考慮就使用外國資訊就很有可能會因此受罰。如果日本企業參加了國際級開放式創新而必須使用外國資訊，就必須在使用資訊時多加注意。所謂的「多加注意」，指的是全力調查全球各國的智財規範與提供資訊，同時進行相關管理。

能做到這一點的，只有長年蒐集技術資訊與應付外國法律修正的智慧財產權部門，所以，也沒有不讓這個部門管理數據的道理。不過，這也是智慧財產權活動擴大之後的事了。

管理與稅務

全面管理智慧資產之際會遇到一些額外的問題，其中之一就是企業集團該如何管理各國子公司的智慧資產。

大部分日本企業都將智慧財產權的權利集中於日本總公司進行管理。之所以集中管理，是因為讓國外子公司各自擁有相關權利，有可能會出現日本研發產出的專利與國外研發產出的專利重複申請的情形，導致申請時間較晚的專利被駁回。隸屬於同一集團的子公司就算是分頭開發，但技術的本質還是和母公司相同的，所以會產生許多類似的發明，如此一來，就無法避免重複申請專利的問題。

而若是為了避免重複申請專利而打算統一管理，不一定非得由日本總公司負責，也可以由國外的專利管理公司接手。此時當然是挑公司稅比較便宜的國家更有利。

從這一點來看，在被譽為「避稅天堂」的國家或實施專利盒制度[6]的英國、比利時等地設置智慧財產權管理公司，也是合理的判斷。

所謂「專利盒制度」，指的是智慧財產權以某種形式被當成相關企業的部分收益，並藉此降低公司稅率的方法。對於各國的稅務機關而言，增加本國的公司稅收絕對是一項極大的挑戰，而歐洲有許多國家透過專利盒制度，讓智慧財產權成為一個讓企業與事業匯聚於自己國家的誘因。其稅制分成一般事業收益與智財收益兩種，其中智財收益的稅率較低，所以，會有人認為應該將智慧財產權集中於該國管理。

能夠想出這套制度的確很不簡單，但這套制度的缺點也很多。顧名思義，專利盒制度的對象是以專利權為主，但是否包括其他權利這一點並不明確。由於這是為了增加稅收的制度，所以稅務機關的看法是從經濟角度出發的，而非法律角度。假設英國有某個產品使用了某個專利，而相同的產品在美國熱賣，此時就算該產品在美國沒有專利，仍然會被視為是因為有英國的專利才產生的經濟效果，因此會被納入這項制度的稅務範圍。

就法律層面而言，這種課稅方式實在很荒唐。然而，就實務而言，企業是基於與對手競爭來選擇申請專利的國家及專利的內容，因此，稅務機關要課稅的產品營業額與專利之間是沒有任何關連的。

要計算專利產生的營業額到底占業績多少比例，就必須建立虛擬的算式，但是如此一來，法律權利將會與經濟活動現況脫節，也會因此產生多重課稅或零課稅等問題。換言之，目前這項制度並未順利推行，每個國家的稅務機關都希望能夠徵收企業支付給其他國家的稅金，也因此產生許多未能整合的部分；稅收減少的國家也

6. 編按：patent box，是一種以稅收優惠來激勵研發的稅制，主要是針對智慧財產權的所有人提供公司稅減免，以鼓勵企業在該國境內進行研發。由於可能不限於專利，亦稱為「IP box」。

會群起反彈。

美國某企業為了不讓想避稅的企圖曝光，在總公司所在地之外的其他州設立智慧資產管理公司，而負責與該智慧資產管理公司聯繫的是該公司的智慧財產權部門。

這只是暗地裡流傳的小道消息，本書就不介紹在其他州設立智慧資產管理公司的方法了。我之所以會提及這件事，是想告訴大家，現在已經有企業的智慧財產權部門能處理到這種地步。在美國負責查稅的ＩＲＳ（Internal Revenue Service：**類似日本的國稅局**）常與企業發生糾紛，如果我在此透露箇中玄機，對於被提到的企業來說絕對不是一件好事。

本書想說的是：要全面處理智慧資產，必須蒐集的相關資訊非常廣泛，甚至還包括稅務方面的問題。

4 「智慧財產權全景」——古老卻不失新意的詞彙

只有專利數而無法組成全面的風景

智慧財產權全景（IP Landscape），指的是智慧財產權與相關各種資訊組成的全景。這是個極普通的英文單字，這個詞彙或其指稱的內容也存在已久。但是在日本，即使內容相同，有時也會為了賦予新意義而重新命名，並可能因此掀起一股新浪潮。這個名詞正是其中一例。

在過去，日本企業習慣將申請專利的件數當成證明企業技術力的方法，每間公司無不致力於增加專利申請的件數，以作為企業技術力的宣傳。

當智財部門提出報告，說明專利申請件數與通過件數持續上升時，日本企業的經營者雖然會因此感到滿足，但最後往往是與競爭公司的申請件數比較、並指示智財部門再增加申請件數後——就沒有下文了，當然也沒有進一步的指示。所以在當時，智財部門的工作就是推出一件件專利申請，不管是哪間公司的數據，都是透過專利件數展現企業技術力的專利地圖，所以，專利地圖其實就是專利件數圖表。

大約二十年前，我從外國專利資訊分析公司社長口中聽到，所謂以山峰標高的圖像來顯示專利申請件數的格式。

每座山代表不同的技術範疇、也代表不同的企業。而在各種技術或不同事業領域投注的心力盡數畫成地圖，就營造出強烈的視覺印象。由於那位社長不斷強調以這種格式詮釋數據是世界首創，所以當下我聽得很新鮮，卻也丟出一連串的問題：

問：「這是否表示能夠預測每座山之間會出現具有潛力的技術？」

答：「數據只說明過去的分析，無法預測未來的發展。」

問：「如何定義不同技術範疇的兩座山間的距離有多遠？」

答：「可定義成容易觀察的距離。」

問：「定義時，有固定的邏輯嗎？」

答：「全憑我個人的經驗與靈感。」

這場對話最後只留下索然無味的遺憾。

即使是被冠上「智慧財產權全景數據」這樣新名稱的所謂最新資料，本質上也有許多與二十年前的數據相差無幾。

不管是畫成山峰還是雷達圖，無論格式多麼美觀，這些舊數據唯一的用處就是說明之前申請的專利。就算真的花時間做敵情或趨勢分析，一旦對手或其他公司申請專利的方向有誤，則不僅無助於自身的專利申請，還可能因此走錯方向。

既然有「全景」兩個字，就應該能夠囊括現今市場與未來遠景的全貌。或許可以畫一張近景為日本市場，遠景為外國市場的世界地圖；也可以利用有別於專利分類的技術分類以及科學論文，來拼湊出智慧財產權全景。智慧財產權全景當然可以隨心所欲地描繪，但專利件數只是極為有限的舊資訊，也只能畫出過時的圖表。

可見，要拼出充滿商機的全景並不簡單。舉例來說，蘋果與三星正為了幾項設計專利展開世界級的訴訟，但即使看了精美的專利件數山形圖，也無法得知孰優孰劣，更無法預測訴訟結果。如果要繪製具有參考價值的智慧財產權全景，或許可加入一些除了專利件數之外的資訊，例如，產品的歷史背景、哪個陣營在創新上領先？產品技術的組成元素為何？市場訴求為何？對全球市場的判讀又是如何？這些都是跳脫專利件數的資訊。

根據所屬陣營的世界觀來繪製智慧財產權全景是件非常有意義的工作。許多大企業都會以不同的方式來製作類似智慧財產權全景的數據。

智慧財產權的公開資訊往往富含其他公司的商業情報，可以從中了解正確的發明時期、研發費用的概略金額、研發人員的人數、主要研究人員的人事異動或其他資訊。由於這類資訊會詳細記載該發明所解決的問題，所以只要分析專利申請文件的敘述，就能推測該項發明目前是屬於證明原理的初期階段，還是已經進入試作產品測試的階段；或是已經產品化，處於準備進入市場的階段。

假設專利申請文件的敘述不斷出現「穩定性」這樣的詞彙，就代表這項發明還停留在研究初期。如果頻繁出現「輕薄短小、降低成本」這類詞彙，就能推測該發明已臻至完成，準備產品化及進入市場。如果進一步調查該項發明於哪些國家申請專利，就能知道該企業準備進軍哪些國家的市場。

對專利文件的發明人欄位進行分析，可以知道各公司的發明人在相同技術領域中是耗費幾年來完成發明的，也能想像該公司的人事安排。例如，該發明人因為完成了非常困難的發明，所以長期留在相同的職位服務；或者公司為了培養該發明人的實力，而讓他在不同的領域磨練；也可能讓發明人離開開發的第一線，負責管理年輕員工。進行這類比較之後，就可對所屬企業的人事安排提出建言。

智慧財產權資訊的遺憾之處在於：它通常是一年半之前的舊資訊，但提出申請的企業有可能一開始就錯估研發方向。舉例來說，當業界的各家公司正極力開發高性能的高階機種，不斷進行小幅度改良時，越是分析其他公司的專利資訊，越會將自家公司推入不斷進行小幅改良的窄路，而一旦有新興企業向市場投入全新概念的產品，每一間長期製造、銷售高階機種的企業一定逃不過這場毀滅性的打擊。

這類例子在各個業界屢見不鮮，也為商業書籍提供了不少談論經營失敗的好題材。例如，各家公司正競相申請柴油引擎改良技術的專利，但柴油引擎終究是一種燃油式引擎，不管如何改良都無法讓二氧化碳排放量降至理想值。此時若有其他形式的發動機問世，這些公司都將同時面臨挑戰。所以，要了解到從專利所得的資訊有限，當然要補充其他資訊，以利於對市場的判讀。

擬訂未來的事業戰略

根據各國市場動向、技術趨勢、營業額比較、利潤比較等，來進行企業評估或產品評估，可看出所屬企業的強項與弱項，也能看出自家公司與競爭對手在相關產業內對抗或互補的情況。但這類資訊往往全部歸事業部門掌管，智財部門無從知悉；事業部門的人也會以自己的方式研擬事業戰略。所以，智財部門與事業部門需要攜手合作。

有效的合作方式之一，就是將智財部門的員工逐次調任至事業企業部門或營業部門，在取得異動部門的資訊之後再帶回智財部門，接著，再整合這些部門資訊與智財資訊。然而，雖然每家公司都希望能活用數據，但是公司內部的數據未能統一管理，這也是目前多數企業的內部現況。如果公司內部無法緊密合作，就無法推動開放式創新；另外，這樣的狀況也需要使用其他部門的數據，因此像統一管理這樣較大的變革，就是必要的激烈手段。

智慧財產權全景應是用來設定事業遠景或戰略的資訊。它是事業相關資訊與智財資訊的組合，但與未來事業相關的各種情報其實也包括新事業的企劃、合作夥伴的探尋、商業生態系統的全貌、對開放式創新下跨業種競爭狀況的掌握、對未來發展的預測，所屬企業資訊的開放／封閉戰略、找出網路關鍵要素的方法、全球的商業動向、技術動向、各國與競爭對手的戰略分析、所屬企業的戰略與模擬等。

之後，即可根據這些資訊來決定企業內部的人力與預算該如何編列、決定開創新事業或強化現有事業，以及決定是否要合併其他公司或與其他公司合作。如果智慧財產權全景無助於判斷企業的事業走向，就沒必要投入資源進行這樣的分析。

日本企業如果想在全球產業競爭中持續取得優勢，企業如何使用到手的資訊或資料就非常重要。

或許「智慧財產權全景」這個詞彙不需要重新定義，但我們確實知道的是，未來必須更靈活運用這個詞彙代表的概念。根據各家公司的狀況來製作智慧財產權全景，若能派上用場當然很好，但沒有規定非得這麼做不可。而就更廣義的層面來看，代表智慧財產權擴張意義的智慧資產全景（intellectual asset landscape），當然更有助於判斷企業未來事業走向。

5 商業生態系統與關鍵物種

商業生態系統

生態系統的英文是ecosystem。在日本，一提到eco，就會讓人聯想到「經濟實惠、節省能源」這樣的印象。不過，這裡提及的eco，是指ecology，也就是生態學的意思。

若以海岸的生態系來解釋所謂的系統，應該會比較容易聯想。在海岸的生態系裡，有小隻的螃蟹、貝類、小魚小蝦、海星、海藻、海葵以及其他物種，牠們透過直接捕食與互相合作而生活在一起。假設將海岸換成商場，就變成所謂的商業生態系統；若換成數位社會，就是所謂的數位生態系統；若換成透過網路交換數據的相關企業，就變成所謂的物聯網生態系統。但其實不用如此細分。

在商業生態系統中，除了面對面的交易關係外，還有千絲萬縷的間接互助關係。加入商業生態系統，意味著加入向終端使用者提供多元產品的企業網路集合體。

由於網路世界的急速擴張，再也沒有企業能置身於商業生態系統之外。而加入商業生態系統已是一件理所當然的事，所以更不能將其當成企業的目標。

有人說，如果海岸的生態系少了某種海星，這個生態系統就會逐漸崩壞。生態學家將類似這種海星的存在稱為「關鍵物種」（keystone species）。此處所謂的「關鍵」，英文為keystone，是指嵌在石頭拱門最頂端、正中央的楔型石塊（譯按：即拱心石），一旦少了這塊石頭，整座拱門就會瞬間崩塌。同理可證，假設在商業生態系統中少了擁有某項重要技術或資訊的企業，就會造成其他企業的困擾，這就代表該企業就是這套生態系統裡的關鍵企業。為了方便大家聯想，例如，個人電腦市場的關鍵就是英特爾，網路市場的關鍵就是亞馬遜。換言之，「關鍵」可以是不可或缺的重要零件，也可以是巨大的平台。無論如何，不管是大型企業還是小型企業，都應將成為商業生態系統中的關鍵企業設為目標。

要成為關鍵企業，在與其他公司合作時，就必須盡可能釐清自家公司的定位，而且要進一步鞏固本身的地位。

無論是商業生態系統中的平台企業或是供應關鍵零件的關鍵企業，要想擬訂強化現有地位的戰略，就必須調動手邊所有的智慧資產。要知道，加入商業生態系統的企業，彼此不僅是朋友同時也是競爭對手。如果能不動聲色地分析其他公司擁有的智慧資產，藉此描繪出足以想像未來競爭優劣的智慧財產權全景，可說是最理想的結果。

零散的生態系實際上並非層層分明

除了商業生態系統外，另一個常常出現的詞彙是「層」（layer），或稱「層級」。無論哪種說法，都讓人不禁想到所有企業有秩序地排列的景象。而講究嚴謹工整的學術論文也很常出現這個詞彙。

以典型的電腦產業為例。「CPU」這個層級有英特爾與摩托羅拉；「電腦」本身這個層級有HP、戴爾；「作業系統」這個層級有DOS、Windows、MAC；「應用軟體」這個層級有Word、Excel；「通路」這個層級有零售店、量販店與線上商店。每一個層級看似井然有序。

但與其以層級形容，與海岸生態系相似的商業生態系統更能形容各種企業之間錯綜複雜又各自為政的關係。全球七分之一的海洋生物生存在珊瑚礁中，包括小魚或掠食者；也有昆布、蝦子、螃蟹、海膽等這類生物，牠們之間的關係當然不可能是層級構造。

當我有機會在企業演講時，我總是會事先調查該企業作為演講的話題使用。為了避免得罪現場聽眾，我都會以海藻、小魚、岸邊小魚、迴游魚等來比喻子公司或與該企業有交易往來的公司。如果是很常併吞其他企業的公司邀請我，就算「掠食者」這個詞已經到了嘴邊，我還是會顧及場面，把該公司比喻成「就像是在生態系中悠游的海豚」。此時坐在底下聽講的企業員工通常會露出微笑，彷彿腦內有「腦內啡」（endorphin）流竄一般。

6 平台戰略與對抗戰略

被平台這隻龜殼花盯上的青蛙

在登上《富比士》雜誌「全球百大創新企業」的企業中，有六十家企業被認為是因為網路而一舉成功的。若現階段已是如此，那麼，未來的百大企業應該都會是因為網路而成功的企業吧！不論是日本國內市場還是國際市場，都不斷向物聯網生態系統靠攏，如果錯過這波浪潮，恐怕很難獨力打開市場。

平台戰略的目標就是透過標準化與物聯網，打造以所屬企業為核心的商業生態系統，然而，串起這些商業生態系統的是物聯網，想成為平台的企業就像是龜殼花，準備進軍所有市場。對企業來說，扮演龜殼花的角色，就比較容易掌控全局。

假設某家企業是條強悍的龜殼花，參與這個商業生態系統的企業——假設是外包的裝置製造商，若無法與之抗衡，則擺脫不了低利潤的命運。若是用另一個方式來比喻，這些取得龜殼花（平台）地位一的企業，能迫使對手或其他企業接受，像這樣微薄的利潤，就像是取得類以珊瑚礁管理人的主動地位，而在珊瑚礁中棲息的小魚只能期盼管理人丟下餌食才能苟活。

接下來是個虛擬的範例。假設要在網路訂購為客戶量身打造的汽車，此時消費者可以從過去的數據或圖片選擇喜歡的樣式，再決定要加上A公司的動力裝置，B公司的電池，C公司的內裝，D公司的外觀設計，E公司的自動駕駛軟體，並在F公司的工廠完成車體組裝作業。

更具體一點說，假設消費者可以自由組合，可能會決定要本田的動力裝置、日產汽車的外觀設計和豐田的內裝等。然而實際上，汽車的生產很講究配套，重要零件不太可能由消費者自行挑選，但小零件就不在此限。

在這個虛擬的範例中，負責統整訂單的企業就像是占據了有利地位的龜殼花，而那些提供硬體的製造商，卻得在使用者的電腦螢幕上與其他公司進行產品性能或成本的比較，有時甚至會被迫調降售價，最後成為無法創造利潤，只能憑著薄利果腹的小魚。

不管是小魚還是青蛙，只要是落入龜殼花的掌控，就毫無自己的立場可言。想要變強就必須擁有關鍵技術，並在平台內取得特別地位，同時蒐集資訊、有效利用網路。如果日本企業能在不久的未來打造新型態的商業模式，並確保領先全球產業的地位，就能成為龜殼花，以打造下一個全新的循環。

比申請專利更重要的事

從以往平台企業的成功實例來看，可發現平台企業的戰略是將戰場分成開放領域與封閉領域，接著，在開放領域吸引各種企業，打造商業生態系統，並透過封閉領域來管理整個平台。這有點像是透過封閉領域對其他企業進行暗黑統治的感覺。

舉例來說，亞馬遜是一家資訊不透明的企業。雖然亞馬遜網站上陳列了來自全球兩百多萬間公司的產品，但沒有人知道亞馬遜本身的產品賣得多好。而從亞馬遜的事業結構看來，雲端服務的規模比商城更為龐大。

全球的企業都已經開始使用亞馬遜提供的雲端服務，但還有許多未知之處。而即使亞馬遜是在封閉領域管理商城與雲端服務，也不會讓人覺得有任何不便利。

要在這個狀況下與之對抗，就必須讓技術、品牌、商業模式等在黑暗中發光。此時應該將所有的專利申請集中在所屬企業能與競爭對手一決勝負的領域，如果其他非獨占性的領域能派上用場就先予以保留，否則就該狠下心放手，以便降低成本。換言之，這不是日本企業慣用的廣布專利防線策略，而是鎖定領域、集中申請專利的戰略。

一般認為，在商城中，能有效促銷的是使用者的評價，而非專家評論或製造商的宣傳文案。但是將焦點放在這裡，就會往容易理解的技術與品牌靠攏。

對於化學藥品製造商、材料製造商、金屬機械製造商、零件製造商來說，強化特定領域是比較容易採行的戰略。但重點在於：要分析所屬企業在所處的商業生態系統中，能憑哪個部分來一決勝負。如果能順利完成這類分析，申請專利不過是必然的結果與過程，此時資訊分析的部分就遠比申請專利來得重要。

標準化與平台對策

越是與其他在同一商業生態系統的公司合作，就越需要面對「技術標準化」這個問題。一開始，所謂的「標準化」只是企業內部的品管或相容性規格，許多企業也把標準化當成那些從技術部門第一線退下來的人退休之前進行的公司外部活動。但現況已然改變。標準化不僅是平台與開放式創新的重要元素，也隨著智財戰略日趨複雜而成為企業非常重要的工作。

有些企業一開始只讓負責標準化的人員縮在某個部門的小角落，後來才讓標準化的部門獨立出來；有些企業則將智財與標準化放在同一個部門。而這個部門就像個硬幣，正面是獨占，反面卻是共享。在本田汽車，這個部門叫做「智慧財產・標準化統括部」，這個部門也名符其實地擁有管理智財與標準化的機能。

這種組合能統一處理硬幣正反兩面的工作，也比較容易推測平台企業的戰略，並研擬對抗平台企業的戰略。標準化是與其他公司共享技術或市場的開放領域；智財則屬於自家公司的封閉領域。而哪個部分屬於開放，哪個部分屬於封閉，則可在綜覽全局之後再決定。

技術成為國際標準之後，自家公司是否還能取得市場？這個問題的答案通常是「No」。因為在技術成為國際標準之後，市場的確會擴大，但也會有其他企業進軍這個市場，自家公司的市場份額占比當然也會跟著下降，而此時推出最低價產品的企業市占率會有所提升。這時的對策就是要擁有未標準化的周邊專利，利用這些專利讓自家公司的產品取得優勢。為此，企業必須擬定相關的專利申請戰略。

假設一間公司的智慧資產標準化過強，有時也會遭受挫折。例如，NHK以國際標準為目標的Hi-Vision技術，以及電動車（electric vehicle，EV）的快速充電技術「CHAdeMO」就是失敗的例子。當日本在特定技術領域擁有過多專利，其他國家或企業就會擔心日本最後將會獨占所有利益，所以不願參與該特定技術領域。由此可見，無論是哪個國家或企業，都打著在最初的階段就參與，以便快速獲利的算盤。

商業生態系統就如同自然界的生態系，要存活下來，就要與其他魚類分享餌食，別只妄想獨占。

7 資訊網才是主角

資訊的工作極具魅力

除了智慧財產權外，今後智財活動還有另一項值得令人期待的面向，那就是針對智慧資產進行全面而廣泛的資訊蒐集與分析，然後再根據這些分析過的資訊進行各種企劃。這部分將是未來智財部門的主要業務，如果順利的話，專利申請事務的負責人將讓出智財部門的主角光環。

即使是在WIPO（世界智慧財產權組織），管理資訊的工作也將比PCT（Patent Cooperation Treaty：專利合作條約）的申請事務管理更加值得期待。WIPO的宗旨在於累積各種智慧財產權資訊，並從中創造出有益於人類的知識。WIPO今後雖然會繼續管理專利申請事務，但是從他們認為將重點放在資訊管理才能有效幫助人類這一點來看，他們對未來的趨勢掌握的確極為敏銳。

WIPO的知識網路，除了蒐集智財數據及相關資料，也蒐集經濟與創新的分析、智財統計分析、各國概況資料、各國智財法令、Patentscope這類全球專利資料庫、神經網路機器翻譯、圖片檢索工具、資訊本體（ontology）與分類、WIPO Pearl（多語言詞彙集）、概念圖（concept map）等。這些就是ＷＩＰＯ描繪的智慧財產權全景。

而所謂的「數位孿生」（digital twin），是指像在現實世界的市場那樣，蒐集各種資訊，然後用ＡＩ觀察、分析與模擬，將之視覺化，並進行預測。它之所以被稱為「數位孿生」，是因為它打造出一個網路上的虛擬現實；但有時仍然需要經營判斷方面的資訊。此時，若能取得所需資料，智財部門經年累月培養出來的資訊處理技巧就能順利解決這個問題。

一旦企業願意越過藩籬、跨越行業別與國境推動開放式創新，將更有機會與未曾交易的對象合作。此時經營企業所需的資訊，除了對方的智財資訊，還有在智慧資產的經驗、強項、銷售網路、合作關係，或是對方的主要利潤來源為何等資訊。如果不知道這些資訊就參與開放式創新，所屬企業的特色則可能將會被埋沒於眾多公司之中，而所屬企業的特色——即以智財規範保障的利潤來源，也很可能因此被掠食的大魚吞噬。由此可知，靈活操作資訊可以降低風險。企業的優先任務就是確保地盤、從中賺取能存活下去的資本。

智財資訊扮演的重要角色

日本中小企業的國外專利申請率平均只有在日本申請專利的一〇%，若是全球級的企業，國外專利申請率大概有三〇%至五〇%，但這不包括製藥公司。即使只有一個發明，要在許多個國家申請專利，並讓專利維持二十年以上，通常得投資一千萬以上，所以不管是哪一間公司，都非常審慎地面對申請專利這件事。也因為需要投入大筆資金，所以可以將企業在國外申請的專利視為重要的技術精華。另外，在日本申請的專利通常會是為了搶得商業發展先機而早一步整理出來的發明內容，所以也是炙手可熱的最新資訊。

分析企業失敗的案例時，真正有幫助的是要在需要決定經營方向時了解究竟蒐集了哪些資訊，又因此做了哪些判斷。要知道，決定經營方向的是人，所以最後的決定當然和這個人的思維或感性有關，所以，就算不是每個人都會做出相同決定，只要能先蒐集高精確度、高實用性的資訊，就能根據這些資訊做出合理判斷。就這層意義來說，智財資訊就是精確度最高的資訊之一。

在所屬企業要申請專利而先檢索先端技術時，或是在檢索其他公司申請專利失敗的理由時使用智財資訊，都屬於申請專利的戰略之一。只要不超過上述範圍，都屬於智財部門的工作範圍。一般來說，智財的專業人員習慣在智財的世界中悠遊，如果只是檢索先端技術或申請專利失敗的理由，就算利用AI提升檢索效率，也只是進階版的智財工作而已。如果能夠踏出這個工作範圍，根據全球的技術動向以及社會動態來分析智財資訊，並藉此提出在所屬企業應有的方向，才算是制定企業戰略的工作。

競爭對手的公司在產品線或專利方面的傾向有時會與在所屬企業相同，但也有可能會在完全不同的領域裡逐步申請專利。此時該領域的市場很可能在未來會與所屬企業有關，所以這時候不能只是佩服競爭對手，還必須根據這條線索去調查這個領域的市場，以及這個市場內有哪些企業，哪些企業可能與所屬企業合作；之後在公司內部分享這些資訊，才有機會比競爭對手早一步搶灘成功。

COLUMN

專欄　日語障礙

在美國國務院的外語學習難易度排行榜中，唯一被分類為最難等級五的語言就是日語。就其正面意義而言，日本企業可以受到日語的保護；就負面意義而言，日本企業很難在全球貿易中施展手腳，也很難得到正面評價。

在全球六十三個國家之中，日本企業的語言能力排在第五十九名，屬於排名最低的群組[7]。日語確實是一種很難的語言，這或許也是日本人無力再學習外語的原因。

如果將評估範圍縮小至大企業，語言能力的排名或許能往上提升不少，但日本中小企業進軍海外的比例只有二．八%，由此觀之，語言能力的排名或許與沒機會使用外語有關，所以排名才會落後到接近排名最低的群組。

將所有外國專業詞彙翻譯成日語，所有的知識都透過日語學習，的確全面提升了日本人的學識。這也是在明治時期之後產生的優質日本教育，但往往一不注意就會變成只能從日本法律與日語文獻來窺視全球，甚至直到今日，日本也完全無法掌握世界的脈動。

日本人很不習慣閱讀英文文獻，必須耗費很長的時間。但從電子載具翻譯，將英文轉換成日語漢字後就會發現，日語是全球少數幾種可以速讀的語言，而且這麼做反而可以讀得更快。日語將漢字與假名視為一座座小島，閱讀日語時彷彿是在小島之間跳躍。雖然電子載具翻譯還無法正確翻譯「て(te)、に(ni)、を(wo)、わ(wa)」等這類助詞，但不妨先忽略這些助詞，先快速閱讀一次透過電子載具翻譯轉換過來的日文，讀到覺得有興趣的部分再跳回英文版本仔細閱讀。而在不久的未來，電子載具翻譯的精確度想必將不斷提升，日語障礙應該也會因此消失吧！

在日語中，數據的定義是「片段的事實、數值與文字」；資訊的定義是「具有意義的數據組合」；知識的定義是「系統性的資訊累積」；智慧型動態的定義是「解析知識，創造新知識的功能」；（人類）智慧的定義是「透過智能處理事物的人類能力」，這也是日本總務省情報通信政策研究所AI網路化檢討會議上所公布的定義。這樣的定義似乎是在說「大家覺得如何？是否變得比較簡單易懂了呢？」許多日本人常把數據譯為「data」，將資訊譯為「information」，將知識譯為「knowledge」，將智能譯為

7. 根據IMD（International Institute for management Development：瑞士洛桑國際管理學院）於二〇一七年國際調查排行。

「intelligence」，將智慧譯為「wisdom」。而行政人員必須使用日語工作，就只能遷就日本總務省發布的日語定義。但是活躍於全球市場的企業人應該盡量使用英語，否則就會因為語言問題發生智財加拉巴哥化（譯按：意指在孤立的環境中自行演化）的現象，對於語言的解讀與判斷也會產生微妙的差異。

以日語談生意就會出現日式風格的圍籬。其實日本過去也有搜尋引擎、網路商店與社群網站；但之所以無法擴大發展成Google、Amazon、Facebook，很可能就是因為不習慣使用英語。這項分析結果也見於二〇一七年五月的日本經濟產業省〈新產業構造遠景報告〉。

雖然這項報告發表了這項分析結果，卻未提及應該如何改善，所以，從那時候起到現在狀況都沒有任何改變。而不思改善也就罷了，日本總務省居然還刻意用日文將「數據」這種名詞重新定義為片段的事實、數值與文字。這種什麼都轉換成日語的做法可說是倒行逆施、違反時代潮流。

第2章

資料・數據之爭

1 新類型智慧資產

資料／數據，實質上是一種智慧財產

由於資料／數據（data）就像是智慧財產一樣可以產生實際的價值，所以必須以處置智慧財產權的方式來看待資料／數據。到目前為止，雖然各個領域都有資料／數據的應用，但如果量太少，價值就不高，所以必須大量蒐集與分析，挖掘出藏在其中的意義，如此一來，資料／數據的身價才會高漲。

現今常見的資料／數據約有八成為非結構化資料／數據（unstructured data），大多屬於圖片、影片，或透過感測器蒐集而來，過去的電腦無法妥善處理，但在AI可如同操作影像般處理這類資料／數據後，總算能自由操作這些重要資源。

今後，如果能將來源與種類不同的大數據互相結合，就能掌握資料／數據的趨勢與方向，新的商機也於焉誕生。

剛蒐集的資料／數據極混亂，就像有各種金屬成分的海洋，或是雜質眾多的原礦，若不淬煉出精華就無法使用。先採集如原礦一般的資料／數據，再經過歸類的分析精煉過程，之後，這些經過處理的礦石才會變成可用的金屬，並產生新商機。

新商機會隨著網路迅速散播至全球。從採集如同原礦石一般的資料／數據的階段，到打造新產品（商機）的階段，所屬企業可以在哪個階段開始介入，又可以在哪個階段讓利潤落袋為安，都還是未知數。唯一可以確定的是：要早一步參與才能搶得先機。

就常理而言，企業之間的競爭很少在第一回合就結束，通常得經過數次競賽，有時還會追加敗部復活戰。但是企業如果不在今後將資料／數據使用量週期列入參考，將永遠處於市場競爭的劣勢。

因為，就算開發新產品，如果該產品與市場資料／數據無法配合得上，就很有可能白忙一場，也來不及改變路線去因應下一個新商機的到來。

不過，對於線上平台的業者來說，為了快速取得參與該平台的企業所提供的產品、服務的相關資訊以及使用者資訊，會與企業簽訂保密合約，以限制這些參與平台的業者之間彼此交換資訊，藉此管理並控制這些企業。

所以，要在這種情況下贏得敗部復活的機會是非常困難的。

2 「誰」擁有資料／數據？合作勝於對立

資料／數據的蒐集與處理並非單一的企業或個人可完成。讓我們以個人駕駛汽車為例，觀察蒐集與處理的過程中會有哪些人參與。

①提供原始資料／數據的個人。決定目的地與路線後即駕車上路，並在之後產生行車路線與汽車零件應用方式的資料／數據。目的地與路線可被視為事前計畫。

②負責規劃資料／數據而取得事前計畫的人。例如，要取得哪部分的駕車資料／數據，或是要蒐集多少行車周邊環境或交通狀況的資料／數據。

③根據事前計畫要實際取得各種資料／數據的感測器製造商。感測器會安裝在汽車的各種零件上。

④零件製造商。

⑤負責整合零件與感測器的汽車製造商。
但即便如此，
⑥將取得的資料／數據整理成處理用資料／數據組的人。
⑦利用處理用資料／數據進行分析、建立歷程模型的人。
⑧根據歷程模型提供新服務的人。最後回到利用新服務產生新資料／數據的個人，然後再度進入透過資料／數據提升服務品質的下一個循環。

光是上述流程就有八個主要人物登場。

產生資料／數據的個人，其個人資料雖然受到一定保護，但與獲利與否無關。這筆生意有這麼多相關人士參與，每個角色都可以根據自己對資料／數據的投資與貢獻來主張其權利與報酬，但彼此的權利與報酬卻很難取得平衡點。

假設形成兩個陣營對立的狀況，其中一方是產生資料／數據的陣營，包括汽車製造商、汽車零件製造商、家電製造商、通路業者；另一方是處理資料／數據的陣營，包括搜尋引擎業者、網路商店業者、社群網站業者、數位內容業者。

不過，所謂的對立狀況只是虛擬概念。因為汽車公司這類屬於資料／數據產生陣營的企業會自行處理資料／數據。他們之所以會自行處理資料／數據，是因為可以從中發掘新價值，所以絕不會將附加價值如此之高的工作假手他人。而只要取得通用軟體，資料／數據產生的企業，也能自行根據資料／數據來進行深度學習。而未來這一部分將是開放式創新的熱點。

大規模的資料／數據較為實用，因此，能產生資料／數據的企業應該更能夠與其他企業有更緊密的合作。屆時，汽車業界、建築業界中的日本企業，如果能將各行業的資料／數據作為基礎、互相支援，就能打造出日本企業共用的資料／數據基礎建設；擁有這樣的智慧財產，也就形同擁有與全球大企業競爭的絕佳助力。

智慧財產權將會是推動日本企業合作的催化劑，相關細節將於後續章節中說明。

3 資料／數據應用的現況

政府推動

在日本，持續有人提倡讓政府與各企業透過資料／數據流通市場共享資源，並利用這樣的大數據分析催生次世代的開放式創新。

若日本企業願意提供，便也能快速存取其他公司的資料／數據，如此一來，肯定就能形成良性循環。日本政府也曾於〈日本再興戰略二〇一六〉中提出「日本在網路虛擬資料／數據的競爭上晚了一步，必須盡力避免在實際（線下）的競爭上再晚一步」這類反省。

二〇一七年的新產業構造遠景中也提到：「要打造實際資料／數據平台，就必須清楚劃分資料／數據共享與競爭的界線；釐清推動實際資料／數據平台的主體；打造資料／數據電子化、結構化的基礎建設；確定利基所在；找出負擔資料／數據平台營造成本的方法；尋求國際合作，使其規則不至於加拉巴哥化。」

其中有幾項現今已經啟動。以自動駕駛為例：自動駕駛必須耗費大筆費用製作高精密度的立體地圖；而經過日本國內自行協調後，這種立體地圖的資料／數據結構與圖像化方式已經很明確了，也連帶討論了地圖的更新頻率與支付相關費用的商業模式。

只可惜，這一步只是起點，未來還有漫漫長路要走。雖然社會基礎建設在長時間的努力下逐步完成，但只要使用資料／數據或是做了多餘的事，就必須重新編列預算，也必須精簡人力。更何況，日本政府各省廳之間尚未統合，這也是眾所周知的事實，所以要重新編列預算與精簡人力，恐怕也是曠日費時。如果不希望在實際資料／數據的競爭上落後他人，就必須為每個執行細節規劃進度，再踏實地一步步推動，否則最後只會淪為紙上談兵。

此外，各國也陸續推出妥善使用資料／數據的新政策。以個人資訊的運用為例，美國的MyData、英國的midata，可以在個人監督的情況下將官方與個人（官民）保有的個人數據還給當事人以便進行再利用。

日本已於二〇一六年公布並實施〈官民數據活用推進基本法〉。這部法律的部分內容提到「打造一基礎建設，使之與個人相關的官民資料／數據，能在個人監督之下正確使用」。

話雖如此，但每個人的資料／數據都散落在當事人才知道的位置。例如，當事人熟悉的醫院、保險工會、保險公司、銀行、企業等。由於這些地點之間的關係極為複雜，導致個人無法自行管理資料／數據，於是必須先整合成大數據才能進一步運用。醫療資料／數據的統整更因為許多尚待解決的課題，所以遲遲無法推動。但參照各國的進展，日本確實應該更積極一點才對。

在產業資料／數據方面，為了推動歐盟整體數位化政策，歐盟已積極發展、布置包括歐洲產業數位化、ＩＣＴ標準化、電子化政府等措施。歐盟之所以如此積極，是因為歐盟各國心知肚明，一旦待在原地不動，他們就將落居美國之後，於是決定齊步向前。相較之下，由於日本不需要和其他國家合作，所以應該能比歐盟更早一步採取行動才對。而透過網路瀏覽各國政府的資料／數據後，就能窺見各國的施政用意、直覺掌握各國在資料／數據處理方面的進展。

美國政府公開的資料／數據，可於www.data.gov瀏覽，內容也非常簡單明瞭。這讓人不禁感嘆，要是世界各國都能提供如此簡單易讀的資料／數據就好了。

在美國的資料／數據網站輸入國家的簡稱，就能顯示該國政府公開的資料／數據。

日本政府的資料／數據網站的網址為www.data.go.jp，與其他國家稍有不同；此外，要在日本政府的網站瀏覽資料／數據並不容易，這讓人不禁想與美國的網站比較。也希望今後能持續與類似的網站進行比較，同時了解各國今後的進展。順帶一提，中國政府的資料／數據網站的網址為data.stats.gov.cn[8]。

「共享」的前提

日本企業之間的利害關係可說是長時間積累而成，不是一句「一起建立大數據吧」就會願意與競爭對手攜手合作。實際上，與其和競爭對手合作，日本企業更常選擇與海外企業合作，這也是一個不錯的選擇。因為企業本來就應該從全球化的角度觀察世界局勢，沒必要侷限在日本國內自我封閉。

企業使用的資料／數據直接好處在於，可以藉此改良並維護自家公司的產品，也能藉此拓展其他事業。這種使用資料／數據的方法與智慧財產權的使用方法正好完全相同。但要注意，如果是多角化經營的大企業，技術與資料／數據往往無法在各個事業部門之間流通。舉例來說，評價極高的本田汽車引擎「V-TEC」，其實是透過機車的研究開發催生出來的技術。智財部門的負責人知道，這項專利不僅可用於兩輪的機車，也能用於四輪的汽車。但在此同時，本田的決策階層卻還一無所知。

仔細想想，不論是兩輪的機車還是四輪的汽車，它們的引擎都具有相同的基本構造，也就是說研發上多少存在重疊之處。而這也就是同一企業中不同事業部門之間完全不了解對方的例子。大企業常常發生這類情況，事業部門獨立為子公司之後，被視為企業共享財產的智慧財產權也往往會被分開管理。

雖然智慧財產權是一種可以透過明確的詞彙加以描述與規範的資產，但是當對象換成範圍與定義都很模糊的資料／數據時，許多日本企業就無法準確掌握公司內部的資料／數據管理現況。

詮釋資料（metadata）一詞，意指「有關資料／數據的資料」。如果將一本書比喻為資料／數據，詮釋資料就是書籍資訊。雖然可利用書名或作者名來搜尋書籍，但如果資料／數據沒有事先整理成可搜尋的格式，就無法知道其內容；而且，就算是附上了日期或主題標籤，這些標籤也不是資料／數據本身，所以還是會與資料／數據的實際內容產生落差。因此，要將資料／數據整理成專利說明書、需要耗費不少心力，而且資料／數據的內容也會因為資訊的追加或變更而產生改變。因

8. 編按：台灣也設有政府資料開放平台https://data.gov.tw/。

此，資料／數據必須經過一定程度的切割與管理，使用上才會更有效率、更符合使用目的。今後應該有不少資料／數據必須當作跨部門的重要智慧資產來加以管理。

企業之間透過資料／數據合作的正面範例，如「Life Intelligence Consortium」，共有生命科學領域的製藥企業、ＩＴ企業與大學等九十九個團隊參加。

「Life Intelligence Consortium」的目的，在於讓ＩＴ企業與生命科學相關企業合作、透過ＡＩ強化生命科學領域的產業競爭力，而且其研究成果只限成員使用。

「Life Intelligence Consortium」值得參考的一點是，它明確區分了共享與競爭的領域。共享領域包括製藥、化學、食品、醫療、保健等相關文獻資料與公共資料庫等，而且ＩＴ企業會聽取大學的意見來開發標準模型，這個標準模型是共享的。之後各成員可利用這個標準模型去分析所屬企業內部的資料／數據、建立專屬所屬企業的模型（這部分則屬於競爭領域）。這種共享與競爭的區分非常明確。

目前「Life Intelligence Consortium」工作群組共有十個，包括預防醫療、臨床診斷等，這些工作群組又可細分為將ＡＩ應用於癌症基因體（cancer genome）醫療群組等。不過，相關產業現今在取得患者的個別資料／數據上仍有待克服的困難或限制，因為這些資料／數據都屬個資，需要某些部分的調整才能取得。

而撇除個資問題，上述範例可在其他產業計畫共享資料／數據時作為參考。

4 資料／數據的權利

該如何保護資料／數據？

資料／數據本身並非一種權利，所以沒有所謂的「所有權」，只有誰保有資料／數據的問題。

雖然聽過「資料／數據所有權」這個名詞，但是這個名詞並非法律詞彙，只是一般詞彙，用來指稱資料／數據的使用。

由於資料／數據不受公示制度[9]拘束，所以無法從外部查詢資料／數據的位置與權利關係。這種方式雖然很封閉，卻能讓資料／數據成為著作權法或不當競爭防止法[10]的保護對象，企業內部也將資料／數據當成智慧財產來管理。

順帶一提，因應投資需求，歐盟於一九九六年三月十一日通過資料庫保護指

9. 編按：指物權的變動必須透過法定公開的方式對外表示。
10. 編按：日本法規，台灣係以公平交易法加以規範。

令，其中以特別權（sui generis）一詞，來描述資料庫從建立後十五年期間受到保護的新權利。不過有個基本問題是：這項措施似乎過於前衛，當時並未受到好評，也幾乎無法發揮作用。因為，當資料的交換與應用過程受到多餘的權利干擾，資料存取的自由度就會降低。此外，如果資料庫持續更新，相關權利就幾乎永遠有效。

話雖如此，也有人指出，資料／數據處理的每個階段都需要投入人力與金錢，所以在提供給他人使用時，使用者當然要付出合理的對價，這部分也應該受到法律的保護與規範。不過，一旦附加了額外權利，資料／數據就無法進一步流通，所以，各國對於相關權利的制定都非常謹慎。

假設資料／數據在經過一定程度的處理後能產生原創性，就能對其主張著作權。例如，為了處理資料／數據而撰寫的程式屬於著作權與軟體相關發明的專利。至於經過處理的模型，它是ＡＩ的計算結果，只是一堆００或０１這樣的數字，一般人是看不懂的，所以並不是著作權的保護對象。不過，也有人認為，經過處理的模型是將原始資料／數據經過統計方法處理之後產生的抽象資料／數據，能夠產生衍生的模型，所以也需要受到保護。

只要符合營業祕密法的保護要件（祕密性、管理性、實用性），就算是未經處理的原始資料／數據、處理所使用的程式、經過處理的模型、應用程式等，都可以成為不當競爭防止法的保護對象。只是當參與的人數變多，就難以符合祕密性這項要件。而一旦不是營業祕密，就無法受到不當競爭防止法的保護。

此時必須與相關人士簽定契約，議定資料／數據的應用與相關權利的範圍才是較符合實務的做法。所以，就目前來看，與當事人之間的簽約，才是最能將資料／數據視為權利並加以保護的方式。

不當競爭防止法

日本在二〇一八年修正了「不當競爭防止法」中關於資料／數據保護的內容。這項修正並未將資料／數據當成權利看待，而是將它視為不當競爭出現時的救濟手段。如此一來，資料／數據被不當取得、使用或提供，都將被視為不當競爭。而在此前提下，受害者可提出禁制令、請求損害賠償、恢復名譽。但以資料／數據被不當取得、使用或提供作為出發點並設計救濟手段，這樣的做法只限日本，其他國家還沒有相關的措施。

日本政府高舉「Society 5.0」的大旗，並如火如荼地推動這項修正，而產業界的意見也分成兩派。一般來說，如果法律需要修正，就必須先有「必須修正該法律」的立法事實，也就是要有修法的必要性。換言之，就是因為發生問題、所以需要修法。但這次的修正是為了預防將來可能發生的問題，而每個人對於未來的預測不同，對於此次修法的意見也不盡相同。

然而，不論對任何人來說，預測未來都不是一件容易的事。

例如，大部分的人認為資料／數據最終會透過區塊鏈在雲端存取，但沒有人能夠預測，透過區塊鏈存取會產生哪些不當競爭行為，所以，政府的相關委員會遲遲未正式進行相關討論。

在產業界，人們因為對於資料／數據的理解以及處理方式的不同，而各自有其想法或主張。產生原始資料／數據的企業，希望在不當競爭發生時能挽回所屬企業的投資，也希望制止資料／數據的不當使用。但是想要不受限制地盡情使用資料／數據的企業卻持反對意見。因為這些企業認為，如果某一天突然發現，正在使用的資料／數據有一部分來源不明，而企業內部的部分成員也知道這些資料／數據存在相關疑慮，這時可能無法繼續使用這些資料／數據，這也將影響交易的安全與穩定。

話雖如此，日本的不當競爭防止法只適用於日本國內，所以，只要確定來自企業外部的資料／數據來源沒問題，協助員工接受不當競爭防止法的訓練課程，避免資料／數據因為摻雜部分來源不明的資料／數據而無法使用的問題即可。

5 各國如何保護資料／數據？

規範的內容

先進國家對於個人資料的處理相當嚴謹，這是因為民眾大多對於自己的資料非常敏感。目前已有大量個資流向社群網站，這些個資除了姓名、地址外，還包括興趣、專長、人際關係、網站瀏覽紀錄、交易資訊、銀行資訊、電子郵件、密碼等，所以使用者會變得很敏感也是理所當然的。

歐盟在二〇一八年五月二十三日通過GDPR（General Data Protection Regulation：一般資料保護規範）後，企業如果想在歐盟蒐集個人資訊，就必須事先告知當事人其使用目的，也必須徵得當事人同意。如果當事人要求刪除其個人資訊，企業就必須刪除。

企業要將個人資料傳送至歐盟以外的地區時，必須經過規定的步驟，如果違反規定，最高可處營業額四％或二千萬歐元的罰款，且以金額較高者為準。日本企業位於當地的法人，如果將某位顧客的名片轉換成數位資料傳送給日本總公司，再由日本總公司將產品型錄寄給這位顧客，就有可能誤觸法網。

個人資訊保護是順應時代潮流的措施，雖然麻煩，但必須多加注意。而每個國家保護資料的方法都不一樣，所以企業必須讓位於當地的法人熟悉該國法律。而日本企業究責的方式向來都是「海外子公司的問題是日本總公司的責任」，所以，日本總公司必須嚴格監督海外的當地法人是否能對應當地法律。

資料在地化（data localization）是指提供服務所需的資料必須於該國境內儲存，經營服務的伺服器也必須位於該國境內。

而為了讓政府能夠調用相關資料，美國也有資料在地化的相關規定，還有稅務相關資訊系統必須在美國境內設置的規定。

歐盟執委會的一般資料保護規範，也禁止將在歐盟取得的個人資料轉移到未經歐盟執委會確認資料保護安全無虞的第三國。此外，德國除了實施歐盟執委會的規定，也另外規範電信資料／數據的轉移。

在澳洲方面，受政府委託而負責處理國民健康、醫療資訊的民營業者，必須在澳洲國內管理相關資訊。在中國方面，國務院指定的重要資訊相關基礎設施營運業者，必須將在中國境內蒐集的個人資訊與重要資料儲存於中國境內。

產業的資料／數據陸續成為世界的火種。雖然全球產業的數位基礎建設都被美國企業掌控，但如果將範圍縮小到中國境內就會發現，中國企業在中國政府的保護下獨占數位基礎建設的市場。在中國的網路安全法管制下，外國企業在中國境內取得的資料／數據被禁止帶出中國，但中國企業在美國或日本取得的資料／數據卻可以隨意帶回中國。這明顯是失衡的現象。

FBI的報告也指出，中國透過併吞企業的方式取得先進國家的科技資訊，或是不斷派出產業間諜盜取這些資訊。這也是中美貿易戰爆發的理由之一。產業資料／數據保護的失衡問題也因此更加嚴重。

承上所述，世界各國已迅速展開對資料／數據的保護或管制工作，因此，跨國企業在蒐集資料／數據時必須多一份小心。雖然資料／數據的相關法令大多由各國自行制定，但外國企業只要進入該國就自動受到相關法令規範，一旦觸法，絕對無法以不知情為由帶過。不管是哪一個國家，「不知者無罪」這樣的說詞都已不再適用。

既然資料／數據也是智慧資產的一種，日本總公司的智財部門就必須掌握各國的相關規範，並了解所屬企業管理資料／數據的現況與當地法人的管理體制，這也是一項十分浩大的工程。

6 契約職人登場

專為資料／數據設計的契約

會被格式之爭（battle of forms）一詞喚起過去記憶的就是負責契約談判的人。企業、機關之間進行談判時，第一回合通常是要決定使用何種契約格式。是要使用我方的格式，還是要使用對方的格式？如果採用對方的格式，就必須逐項變更契約中的條文，這不僅是很麻煩的作業，也需要合理的理由，所以，一般都會盡可能採取我方的格式。這種狀況下的折衝就稱為「格式之爭」。而專為資料／數據設計的契約就有可能會出現格式之爭。

由於資料／數據不屬於物權，也不屬於智慧財產權，所以，利害關係人必須透過契約來決定誰在何時可使用哪些資料／數據的範圍。

由於資料／數據不屬於智慧財產權，所以授權的使用規範也有些不同，也就不太容易決定相關的契約內容。除了瑕疵擔保責任、保固、危險負擔不明確外，資料／數據在商業用途使用後如果造成任何損失，也不會產生損害賠償責任。如果是一般契約的債務不履行，還可以請求履行與損害賠償。但在資料／數據方面，卻很難想像債務不履行的情況會是什麼樣子，因為以往也沒有相關案例。

由於資料／數據不僅可在國內使用，也能在國際間使用，所以之後應該會有不少相關的國際標準契約出現。

二〇一七年，Linux Foundation發布了CDLA（Community Data License Agreement：社群資料授權協議，或稱社群數據授權協議）。鼎鼎大名的作業系統軟體Linux是微軟Windows與蘋果macOS的死對頭，Linux不僅可以免費使用，而且它的原始碼完全開放，使用者可以自行變更，因此，它在全球的普及率也持續擴大中。由於個人電腦也能安裝Linux這套作業系統，所以全球有不少愛好者，但唯獨日本沒什麼人使用。

CDLA這項協議，是將開放式軟體的概念套用到資料／數據的使用上。擁有資料／數據的企業可以透過這類契約進行分享，讓更多資料／數據變得更方便使用。一如作業系統Linux的快速普及，全球透過CDLA使用資料／數據的情況應該也會持續增加。

全球的契約負責人都需要學習資料／數據契約的時刻已然到來，今後應該會有各式各樣的格式出現。

直到目前為止，全球的軟體授權包括開放原始碼授權（open source licenses，軟體、原始碼、藍圖都允許設計者使用、修正與發布的授權）、創用CC授權（Creative Commons licenses，允許發布具有著作權之著作物的公眾授權條款）、共享原始碼授權（shared source license，在軟體提供者是微軟時使用的授權）、封閉原始碼授權（closed source licenses，不符合開放原始碼定義的授權）。日本企業的契約部門正準備面對這項新穎又吃重的工作。

專為AI設計的契約

接下來，也必須思考該如何處理與AI相關的契約。

與AI相關的契約之一，就是利用AI分析資料／數據並建立歷程處理的模型委託契約。此時要面對的第一個問題是：使用AI分析資料／數據時，完全不知道會產生何種結果。

假設是人類能輕鬆預想的結果，就不需要透過ＡＩ處理；當人類無法預想處理後可能的結果時，就無法驗證這個結果是否能達到原先預設的目的；如果沒有得到理想的處理結果，原因可能是一開始設定的資料／數據有問題，或是選錯了目標與方法。而這種不確定的對象物與成果物就是契約保護的對象。

此外，ＡＩ的成果物雖然可以受到智慧財產權的保護，但智財制度的架構是以人類為對象，所以ＡＩ無法被歸為發明人或創作人。有人認為，ＡＩ所產生的結果可歸使用該ＡＩ的企劃或投資企業所有。另外，雖然商標的初衷不是為了用來標示ＡＩ成果的歸屬，但只要略做改變，或許也能適用這種情況。

話說回來，目前還沒有任何一個國家為這種情況建立智財制度，而專利、設計專利、商標也無法用來規範保障相關成果的權利。

有個笑話是：去問ＡＩ該簽定哪一種契約比較好。然而，到底該簽訂哪一種契約才對？那就端看契約負責人的本事了。

第3章

日本企業的開放式創新

1 開放式創新的嘗試

讓定義變得更簡單

日本學術界對於開放式創新的定義是一種企業戰略，旨在「讓功能複雜的產品或商業流程，在某種架構下分解成高度獨立的模組，並且利用具社會性的開放式介面來連結這些模組，使模組具有多種功能，同時整合多個主體所發布的資訊，使資訊增加價值。」

這種定義其實很沒意義。在國外，開放式創新一直都被當成一般的英語單字使用，除了用來形容所屬企業的創新，也常用於形容與其他公司的合作，使用上並沒有這麼嚴格。

開放式創新要注意一件事，那就是無須在開放式創新的場域中揭露所屬企業的核心技術；而在核心周邊的所有其他技術領域，則可借用其他公司的資源繼續發展。在前文提到的學院派定義中沒有說明這樣的細微差異。

開放式創新在此時此刻備受矚目的主要原因有二：一是價值觀正在產生變化；一是從開發到發展成事業的速度非常快。

價值觀的變化是來自於資訊。舉例來說，汽車公司一直都將自己定義為汽車製造商，並致力於研究與開發汽車相關技術這項課題，也在這項課題之下追求創新。如果將課題放大，將整個社會的都市交通都視為所屬企業應追求的價值，那就必須思考公共交通、乘客、都市計畫等資訊或需求。此時與其閉門造車，不如採取能借用外部智慧與勞力的開放式創新策略。

從開發到發展成事業的速度很快，是因為所屬企業能夠將大量時間投注在鑽研現有技術上，所以各家公司的開發速度都會越來越快。舉例來說，開發時，在實際機器上反覆進行試作與測試，再以數位資料／數據測試開發結果，就能讓開發時間有效縮短。如果是以數位的方式進行開發，就不用獨自負擔所有開發流程，而可與其他公司合作進行，如此一來，也比較容易吸收到新創企業的新技術。

全球的大企業都迫切希望，透過開放式創新來吸收外部智慧。飛利浦在公司內部建立了一個開放式創新團隊，設定五〇％產品的核心技術必須來自外部目標；P&G也建立Connect+Develop網站，並在這個網站公布自家產品開發的技術需求，從企業外部徵求點子，五〇％的開發都以開放式創新的方式進行。然而，雖然五〇%的開發來自外部這個目標很驚人，但既然已經公布了，想必P&G認為這個目標有機會達成。

日本企業也積極採取開放式創新策略。例如，豐田就設置了「未來創生中心」，用於推動未來的開放式創新。

技術與商業的開放式創新

針對開放式創新的相關實務，若將技術合作與商業合作分開來看，就會比較容易了解。在技術合作方面，企業關心的是研發成果的歸屬；在商業合作方面，則重視所屬企業能獲得的利益。

開放式合作的對象不一定非得是日本企業，為了催生新的商機，可在全球尋找適合的合作對象。

就合作對象而言，日本政府認定的開放式創新是以日本國內為主，主要政策是支持新創事業以及產學合作；但我覺得這種政策很狹隘。因為，企業的開放式創新不會只放眼於日本國內，所以可見，企業與日本政府的開放式創新其實有明顯的差異。

首選的合作對象是印度

日本最常見的技術合作模式，是與旗下公司或零件商進行共同開發。以硬體開發為例，這種合作模式不僅有地利之便，長期的合作默契也可讓技術合作更迅速正確，而且更有效率。

將眼光放遠、看向全球之後就會發現，世界各地的企業可能會將軟體開發、資料／數據分析、ＩＴ基礎建設等這類業務外包給印度企業。因為一直以來，印度企業都是美國企業的外包者，也因此接受了千錘百鍊的磨練。

美國與印度的時差剛好是十二小時，因此，美國的企業或單位可以在晚間透過印度與配備的人力延續白天的作業，企業或單位本身的實力因此增強，工作時能使用英語也有利於溝通。因此，加州的軟體開發公司有六成由印度人出任社長，員工也有許多印度人。

日本的媒體報導以中國相關的新聞居多，印度的商業報導非常少，所以，日本企業對印度的實力可說是一知半解。不過，第四次產業革命主軸是大數據與物聯網的相關業務，這是印度企業最擅長的領域。仔細觀察印度就會發現，印度企業的態度非常認真，工作品質也非常優異，而且也具有英國的守法精神與禮儀，所以，我認為印度與日本企業的特性非常相近。

在此說個小故事。某次我在印度舉辦講座時，曾被現場的聽眾問道：「為什麼日本企業不提高將業務外包給印度企業的比例呢？」

在我回答之前，現場的另一位印度人站起來說：「那是印度企業自己對日本的宣傳不足。」之後又有另一位印度人說：「與日本交易的祕訣在於使用日語。」接下來整個現場進行了三十分鐘的熱烈討論。

在這三十分鐘內，身為講師的我完全沒有插嘴的餘地，只能被晾在台上。但我也從現場聽眾的提問與回答之中發現，印度企業的確有想與日本企業合作的熱忱。基於這次的經驗，我覺得印度企業將是日本企業的好夥伴與好對手。

之後，我稍微查了一下。日本企業進軍印度市場的比例的確正在增加，其中包括常見的汽車業與電子業，也有化學製造商、食品製造商以及其他企業。

根據JETRO（日本貿易振興機構）的數據，二〇一七年進軍印度市場的日本企業有一三六九家，短短十年，增加了一千間之多。順帶一提，日本經濟團體聯合會的會員數為一三七六家企業；相較之下，一三六九這個數字，代表大部分日本主要企業已進軍印度市場。而在二〇〇七年時，只有三六二家企業進軍印度市場。

另外要提的是：二〇一七年在中國設有據點的日本企業有三萬二千三百四十九

家；在泰國也有六千一百三十四家。由此觀之，進軍印度市場的日本企業，在數量上還有許多成長空間。

日本企業在印度的生產據點共有八三八處，其中有八成集中於德里、孟買、班加羅爾、清奈。對於這些日本企業的集中地，印度邦政府的態度很友善，其證據之一就是：適合商業活動的基礎建設非常適當，這也值得今後想進軍當地市場的企業參考。

在印度獲得成功的日本企業代表就是鈴木汽車。鈴木汽車很早進軍印度市場，並奠定良好基礎。二〇一七年時，鈴木汽車在印度汽車市場的市占率是四四%，其中還包括高級車種。鈴木汽車領先群雄，甚至宣言未來計畫將市占率提升至五〇%。順帶一提，二〇一七年時，豐田在印度汽車市場中的市占率只有四%，本田汽車也只有五%。鈴木汽車則早在一九八二年時便已進軍印度市場；本田於一九九五年進入；豐田則是一九九七年進入。這絕對足以證明，早一步進軍海外市場就能早一步占得先機。

印度絕對是接下來急速成長的國家。雖然它和日本的距離比中國和日本的距離更遠，但相較於國家風險很高的中國，印度的政治比較穩定，而且之後還會繼續成長，所以商機也相對大得多。

在智慧財產權方面，屬於英美法系（common law）的印度具有高度的法治精神。每年約有四、五萬件專利申請，其中有一萬件就是由印度人提出，也幾乎沒有仿冒品製造商，大部分的仿冒品來自中國。不過，與印度企業進行共同研究或是委託印度企業進行研究時，要注意工作分配的問題。

技術開發大致可以分成企劃、研發、測試、客製化、量產後的維修等幾個階段。日本企業應專注在企劃上，後續的部分交由印度企業辦理。因為在所有的階段中，企劃是最重要、附加價值最高的核心領域，所以，這個部分不該暴露在印度企業面前，更不需要在開放式創新的領域中公開，否則，日本企業將無法維持競爭力。為了避免這一點，就必須將核心部分緊緊抓在手中。

其實美國企業（尤其是矽谷）已經過度依賴印度企業，有些企業甚至將企劃與開發全部外包給印度企業，美國總公司只負責品牌管理。

可是別忘了，印度企業的成長力道強勁，如果不想被併吞，就必須牢牢抓住核心領域。

2 自給自足主義的弱點

想獨立活下去

日本企業的自給自足主義色彩非常強烈，並以擁有苦心鑽研的技術而自豪，而且有以此迎戰全球企業的創業傳統。這類的成功經驗促使日本企業沿用相同的經營模式，在固定的技術領域裡不斷鑽研，不會草率地踏入其他公司的領域。所以，即使是在同一種行業內的企業，也能各自占有一片天。

放眼全球，也很難看到日本這種在同一種行業中大小企業並存的產業環境。雖然同一業界的競爭對手很多，但到目前為止，日本企業都能鞏固自己的地盤、獲得一定的利潤。所以在技術上、商業上，都不太需要與其他公司合作，在這種情況下不想改變現狀也是人之常情。

日本經濟產業省曾於二〇一六年一月十八日，發表一份〈開放式創新之相關企業的決策過程與任務〉的問卷結果。從中可以發現，今後打算獨立研發的企業超過六〇％；只想與集團內部的子公司、相關單位，或國內大學進行共同研究的企業，也超過八〇％以上。這代表大多數的日本企業願意與旗下公司或國內大學合作，但不太想與同業種或不同業種的其他公司合作。

如果將目光轉向大學，NEDO（New Energy and Industrial Technology Development Organization：新能源產業技術綜合開發機構）下的行政單位，即開放式創新協議會（Open Innovation Council），曾於二〇一六年發布一份開放式創新白皮書。其中提到，日本產官學界於開放式創新投入的研究經費總額約為十八兆日圓，而其中居於領導地位的，正是同時身為負擔者與使用者的民間企業。

日本民間企業在內部研究上投注了十三兆日圓，委託大學進行研究的費用卻只有七百五十億日圓。只要簡單計算一下就會發現，企業的研發經費只有〇．五％用於委託大學進行的研究，這或許是表示，日本企業撥出的經費也只夠與日本國內的大學稍微建立關係而已吧！雖然從二十年前就不斷有人疾呼必須加強產學合作，但直到二〇一六年為止，都還沒看到顯著的成果。

但在當時，據某間大學的調查報告指出，相較於獨力開發新產品，與其他公司以開放式創新的方式合作能夠更快完成開發。或許是受到這份實證資料的影響，二〇一六年的問卷已可看出，有些企業打算採取開放式創新策略，但態度還是不夠積極。為此，日本企業必須先了解，與國內外大學、公家研究機關、同業種或不同業種的企業合作時的重點。

舉例來說，所屬企業的技術人員應該非常清楚哪間公司是非常優質的客戶，所以可先整理出這類名單，之後調查對方的技術成熟度、智慧財產組合（IP portfolio）、契約模式等，建立起智慧財產全景，如此一來，就能快速掌握合作的要項。之後還能利用上述的資料／數據比較對方的技術，也能預測決定共同研究之後該如何一起拓展市場。

假設這個分析內容具有說服力，就能快速做出該不該與其合作的決定。因為，光是冷眼看著對手是無法進行任何合作的。

如果現在打算要合作……

本田開發的ASIMO是內部創業的成功典範，其創業目標在於完成「二足步行技術」。這項研發是一九八六年由好幾位員工開始進行。由於毫無前例，他們只有書架上一整套的《原子小金剛》。當時全球沒有任何關於二足步行技術的文獻，研發團隊必須憑一己之力從零開發新技術。

之後，這項劃時代的二足步行技術專案，就在本田公司內部某位天才研究員的創意下進行開發，並於一九九六年以「P2」之名發表。這個名稱沒有特別含義，單純是因為當時的開發成品為原型二號而已。

數年後，ASIMO這台嬌小可愛的機器人問世了，那時本田也為二足步行技術在全球布下完善的專利網，所以，截至目前為止，全球沒有任何一間企業能發表足與本田匹敵的二足步行機器人。其他的機器人都是使用履帶或車輪來移動，無法像人類那樣以雙腳步行。ASIMO問世後，想當然耳，全球的企業與大學都紛紛向本田提出合作的邀請，但是本田的內部卻不太願意與外界合作，因為，單憑自家公司開發的技術，就已獲得如此巨大的成功了。

如果這項企劃放到氛圍完全不同的現代，會有什麼結果呢？

開放式創新的戰略已與二十年前完全不同，戰略思維也有了相當的進化，所以才有機會規劃大規模的開放式創新。如此一來，或許本田就會向外招募參與這個商業生態系統的企業，並將二足步行技術當成建置平台的基石。而參與這個商業生態系統的企業也有可能會向外尋求擁有最新技術的夥伴。例如，擁有手部運作技術的夥伴，或是能為ASIMO製作表情、搭載AI以及發展對話能力的夥伴。也會請全球的大學或創投企業，對這項二足步行技術進行智慧財產評價。

接下來就是，讓這項二足步行技術在商業生態系統中流通，並全面邀請娛樂、看護與其他提供類似服務的企業一起參與，也有可能與Sony的aibo[11]一起為人類打造更舒適的生活。在企劃之際即可預判市場規模。而要擴大市場規模，就必須邀請世界各國參與。只要自己國家的企業願意參與開放式創新，這項企劃的好感度就會提升。

如今這種開放式創新的企劃會由來自全球的企業共襄盛舉，也能成為一個非常棒的企劃。

11. 編按：Sony開發的機器狗。

3 支援開放式創新的組織

合作的決策流程

根據日本經濟產業省二〇一六年的問卷，有七成的企業在判斷是否與外部合作時「非常重視」以下五點：

①所屬企業的技術是否比合作對象優異？
②獨立開發與合作開發的速度哪一種較快？
③獨立開發與合作開發的成本哪一種較省錢？
④與外部合作時，能否釐清各自在該事業中所扮演的角色？
⑤合作時該如何設定智慧財產權？

如果連回答「會參考」的企業也計算在內，幾乎所有的企業都會重視上述五點。此外，同一份問卷指出：有一半以上的企業認為，推動開放式創新的組織或制度有以下兩個問題：

①人力不足，開放式創新的範圍有限。

②很難找到外部的合作對象。

這代表企業內部還沒有能夠推動開放式創新的組織，所以企業也還未具備尋找合作夥伴、評估合作夥伴的能力。從問卷的結果也可發現，推動開放式創新的組織必須能夠規劃技術的獨占與分享範圍。

這份問卷也針對正積極推動開放式創新的企業，詢問其開放式創新的阻礙為何？有一半以上的企業做出下列回答：

①未平行比較公司內部與外部的技術，只想使用公司內部技術。

②未以對外授權（license out）或成立衍生公司（spin out）的方式，處理未在公司內部使用的技術。

③未完全掌控公司內部的技術。

④未訂立哪些部分由公司內部製作，哪些部分由外部技術製作的戰略或方針。
⑤公司內部有太多打入冷宮的技術。
⑥無法完整蒐集外部技術的資訊。
⑦未能正確評估合作對象的技術或想法。
⑧與外部合作時，未能與對方談妥智慧財產的處理與利潤的分配。

雖然這項問卷題目也有「無法回答」的選項，但勾選這個選項的企業，應該是在推動開放式創新時遇到了一些問題。而將這些企業的答案納入計算後，發現遇到這類問題的企業高達八成。如果要用一句話來形容上述的狀況，應該就是——無法妥善管理公司內外的技術。

這項問卷在二〇一六年進行。從結論可以看出，日本企業至今仍未打算與外部合作，而他們不打算合作的理由都是——要推動開放式創新隨時都可以推動，但聽起來這些都只是藉口。

蒐集資訊、擬訂計畫的方法

如果經營者不帶頭參與開放式創新，就無法確定參與的目的，也無法知道最終的結果。開放式創新本身就是一種經營策略，不能草率地決定去與其他企業合作，此外，業務部門與其他公司的關係通常不會太好，而技術人員通常只懂得自家公司的技術。如果經營者帶頭參與，公司的另一個挑戰是計畫並促進開放式創新組織的存在。

到目前為止，即使是日本的大企業也沒什麼與外部合作的經驗，他們只想打造不須與外部接觸的研發與事業部門，所以不需要做出與其他公司合作的企劃。日本企業之所以覺得單打獨鬥比分工合作來得好，是因為與外部合作的經驗非常少的緣故。

企業內部的研發部門如果能自行完成開發，就不會往上呈報與外部合作的必要性。就算高層希望底下的研發部門與外部企業合作，但只要經營者獲得的資訊不足，就無法擬出全面的概念企劃，也無法找到合適的合作對象，自然也無法擬訂出商業計畫。只要沒有設立與外部對象合作的窗口，就無法培養蒐集資訊與後續調整預算的能力。此時，雖然其目的是要建立一個新組織，卻也必須要很確定這個擔任窗口的組織需要負責哪些工作，即蒐集資訊與擬訂開放式創新的企劃。

與公司外部的企業合作之前，必須先讓公司內部的每個部門以開放式創新的方式合作。因為日本企業最常見的現象就是，公司內部的資料／數據只存在於各個內部組織，所以要進行開放式創新之前，第一步就是打造資料／數據能在公司內部流通的環境。

讓我們試著想像一下，各事業部門與飲料、食品、成衣、住宅、汽車、公共交通、醫院、工廠、金融、教育等這些企業一起打造商業生態系統。所謂的「合作」，就是資料／數據共享，並以有想法的企業作為中樞來進行。因此，要牢牢記住，先規劃藍圖的企業，將負責帶領所有參與該商業生態系統企業。

智財部門的工作包括與其他公司簽訂共同研究契約、釐清分享專屬的技術範圍、分析全球的技術動向，因此能立刻處理技術合作的相關事項。但一般的智財部門很難處理商業合作的部分，除非先與事業部門一起推動公司內部的開放式創新。

本田從十五年前就開始進行智財部門與事業部門的人力輪調制度。在智財部門任職一段時間的員工必須調往業務部門或事業企劃部門學習，而這段時間的薪水與營業額考核，是交由智財部門負責。

這個學習過程得以順利進行的祕訣在於：要保有與輪調部門的關係。也就是與輪調部門的部長達成下列共識：當員工從其他部門回到智財部門後，仍然可以存取業務部門或事業企劃部門的資料／數據。只要該名員工在輪調部門用心工作，得到該部門的信任，就能為智財部門與輪調部門建立橋樑，讓每位員工知道這種輪調制度對公司有利，這樣一來，就能在「技術」與「商業」這兩個層面彼此合作。

4 了解納許均衡

美麗境界

多個利益各異的集團以謀取自己的最大利益為前提，在互不合作的情況下，達成的策略性均衡狀態稱為「納許均衡」（Nash equilibrium）。這種均衡狀態是由數學家約翰．納許（John Nash）所提出，所以稱為納許均衡。有一部描述約翰納許一生的電影——《美麗境界》，是由羅素克洛主演。羅素克洛表示這是一部好電影，他主演後也對約翰納許這位數學家抱持好感。

納許均衡這項概念，除了可應用於企業的經營活動，也可放大應用國家之間的競爭、軍備擴張、資源競爭、價格競爭、政治、社會、心理學與生物學等方面。

知名的「囚徒困境」（prisoner's dilemma）可充分解釋納許均衡。這是在美國認罪協商過程中所發生的事：

有兩名互為共犯的犯人，假設兩人在被捕後都行使緘默權，則分別獲判一年徒刑；如果其中一人行使緘默權，另一人自首，則自首的犯人可以獲得釋放，另一人則獲判五年徒刑；如果兩人都自首，則兩人都得面臨三年徒刑。請問，如果你是其中一名犯人，你會如何選擇？

在互不合作且無法互相溝通的情況下，你應該會選擇自首，因為不知道另一名犯人會如何選擇。如果繼續保持沉默，而另一名犯人選擇自首，你將面臨五年徒刑；所以會搶先自首，避免自己陷入困境。最終，兩人將基於相同的思考邏輯選擇自首，所以兩人都獲判三年徒刑，加起來總共被判六年。

如果這兩位囚犯能互通訊息、達成合作的共識，那會得到什麼結果？只要保持沉默就能將刑期降至一年，所以雙方一定會達成保持沉默的共識，此時雙方的刑期加起來也是選項之中最低的兩年。而這種合作比不合作更能創造雙贏局面的情況，就稱為「納許均衡」。

如果知道這個賽局理論（game theory）卻選擇不合作的話，代表他們不了解納許均衡。而之所以會選擇不合作，純粹是被公司自給自足的作戰方式給限制住罷了。如果不想與彼此競爭的日本企業合作，不妨選擇海外企業。所有企業都應該了解這個賽局的基本常識，也就是「合作比不合作更具優勢」。

就現今的世界市場來看，日本企業之所以能保有一定的市占率與競爭力，在於擁有尚未商業化的產品。日本企業目前還能以技術力保有市場上的領先地位，但是在新型態的商業模式中，是由資訊掌握更加全面的高階企業來控制市場；換言之，是由彷彿獄卒般的企業掌控整個市場。這時，日本企業就算擁有強悍的技術力，恐怕也只能淪為外包廠商。假設此時又在不合作的情況下針對市場展開殺價競爭，恐怕日本企業將如前文所說的像那兩名囚犯一樣，必須面臨苦澀的選擇，甚至被迫吞下三年刑期的苦果。

5 不會被埋沒的新品牌管理術

重點不在過去的成功

在推動開放式創新之際，必須確實經營品牌，避免所屬企業的品牌在市場中滅頂。

企業會利用獨創的品牌來開展業務活動，在提供產品、服務時；或在廣告宣傳、社會公益活動時，都會利用品牌效應，好藉此得到顧客對品牌的信賴感與好印象，進而購買相關的產品與服務。

許多市調公司、媒體與行政單位都會做品牌排名，但隨著切入點不同，品牌的排序也會跟著改變。換言之，當切入點為有價證券報表、股價或市調問卷等，品牌排行榜都有可能產生巨幅變動。

不過，最近的趨勢卻有些不同。只要大力宣傳研究中的最新技術，而且在全球具有一定市占率的企業，通常都能在任何機關或單位發表的排行榜中名列前茅。舉例來說，Google的未來展望專案，總給人一種正在研究最新技術的強烈印象，而Google的品牌價值也因此得以留在排行榜的前段班。只要持續讓大眾覺得Google是為了全球的使用者研究新技術，哪怕是還不知道能否實用化的自動駕駛汽車、宅配無人機、空中風力發電、利用人工神經網路進行的語音辨識等技術，都能讓使用者與Google產生共鳴，進而對Google抱持好感。

許多日本企業或美國東部傳統企業，都因為擁有悠久歷史以及過去的成功事蹟，導致品牌價值被過度哄抬。換言之，這些企業等於是在靠過去的名聲過日子。但近年來已不再以輝煌的歷史來評估企業的品牌，改以現階段的市占率與未來的可塑性來加以評估。所以，日本企業如果要向大眾訴求品牌價值，就必須展現挑戰未來的態度。

以現在來說，品牌價值就是市場與使用者對企業的期待；但在過去，品牌價值是使用者對產品的期待。現今的使用者或市場評估企業的方式不再只有商標，還包括對企業提供的產品設計以及優異的技術，這些都是提升品牌觀感的重要元素。除了這些元素外，企業還必須告訴使用者，接下來準備透過哪些新元素，也就是所謂「未來的展望」來強化品牌價值。

增加全球的支持者

自家公司的品牌被全球市場接受，並且持續得到好評，企業才算是真正的成功。

當市面上出現多款價格相同、功能相同的產品時，使用者是根據是否會與品牌產生共鳴來選擇產品。假設使用者對過去的產品感到很滿意，這股滿足感就會轉化為品牌認同感，也會毫不猶豫地就去購買新產品；反之，如果對之前的產品不滿，這股不滿也會投射到品牌印象上，而這種不滿的印象是很難抹去的。假設商標給人老氣、腐朽或是劣質的印象，就應該毫不留戀地捨棄這個商標。

產品品牌也被稱為「產品名稱」。在產品成功的時候，它可以當成持續使用的商標，但卻也常在產品的世代交替或時代變遷時，被轉換成符合時代新意的新商標。全球的新商標多得數之不盡，如果這個商標無法打入市場，就不妨早點換個新商標。

6 品牌管理的技巧

商標過多時就加上公司品牌

在智慧財產權的制度中，最容易申請成功的就是商標，而且申請費也不貴。因為太過容易，全球有許多人拚命申請商標，之後等著看誰不小心使用了對方已申請的商標，就能對其敲詐金錢。

近年來，中國企業開始到全球做生意，也在全球申請了以英文字母拼音組成的中文商標。但是提出申請的商標實在太多了，常常會遇到被人搶先申請的問題。此時可以試著讓商標與公司品牌一起申請；換言之，就是要加上公司名稱。當產品名稱與公司名稱組合起來，新商標的申請就比較容易成功註冊。

傳統企業的公司名稱通常深植人心，一旦大眾覺得該公司的名稱散發著鮮明的個性或熱情時，這個公司名稱就能在群雄參戰的開放式創新中殺出一條血路。反觀產品品牌不過是個產品名稱，完全無法與公司名稱相提並論。

全球充斥著不同的商標，開放式創新也打破了業種之間的藩籬。所以與其使用名不見經傳的新商標進入市場，不如搭配深得大眾信賴的公司品牌，這樣一來，便能輕易擄獲消費者的心。

國家的商標戰略

日本準備輸往其他國家的產品（如建築、火車），也能仿照冠上公司品牌的做法，即另外冠上日本的共同品牌，在海外市場一決勝負。

雖然汽車、電子產品這類產品的海外市場，已擴張到不需另外冠上日本共同品牌的規模，但有些業種還是需要先冠上日本共同品牌，才比較可能在海外市場中脫穎而出。例如，酷日本（Cool Japan）就是一個值得善加利用的日本共同品牌。雖然酷日本在投資時常遭遇挫折，但投資原本就是參與新興市場的行為，當然免不了會遭遇失敗的風險。而且，酷日本的首要任務並非吃力不討好的投資，而是授權進軍海外市場的日本企業使用酷日本的標誌。日本企業對於酷日本這項政策的期待在於其品牌效應，而不是三流的投資案。

由於日本產品的品質非常優異，所以日本企業的品牌在全球獲得好評。例如，日本企業的機械產品在全球的銷路都不錯，但產品長銷，就會有專利或設計專利期滿失效的問題。

此外，當生意擴展到更多國家時，不妨在進軍該國市場後再申請商標，並且冠上代表日本所有產品的日本品牌商標，以便在市場競爭中勝出。國家或業界團體都可嘗試採取這個世界商標戰略。

品牌使用規範

不管是公司品牌還是產品品牌，基本上都要嚴格制定使用標準。比起取得商標權的商標，品牌的使用規範應該更嚴格。

商標註冊的法定要件是要有識別性，但品牌的影響力與商標的權利範圍無關，只與品牌本身的同一性有關。所以，使用的顏色也應先行設定。品牌的使用手冊應該包括色號、字體、字級、背景色、留白大小、顯示位置等這類規範，也必須說明不可使用的情況，並由公司或集團統一管理。規範如果太過模糊，品牌就無法引起消費者的共鳴，也無法在消費者心中留下印象。

發明專利權或設計專利權與商標不同，不需完全依照申請專利時的內容來使用。上述這兩種權利是在發明或創作時提出申請，但是相關的技術或設計可能會在申請後持續進化。因此，在產品正式進入市場時，不需要拘泥於申請時的技術，假設技術真的進化了，就再次申請足以保護新增部分的專利即可。

企業進軍國際市場時，通常會讓子公司或關係企業採用相同的品牌，並以集團之姿打入各國市場。所以，此時的品牌就具有整合子公司或關係企業的效果。換句話說，整個集團必須齊心協力提升品牌價值，不能如同多頭馬車般各行其是，否則將打亂市場的布局。在國際貿易日漸活絡的今天，更需要使用相同的品牌才能讓交易對象安心。假設能在從事國際貿易時沿用之前提到的國家商標戰略，也就能更容易談成生意。

品牌的重要功能之一就是區分與自家品牌相似的競爭產品（competitive product）與仿冒品。一旦集團底下的海外子公司使用不同版本的商標，就無法將仿冒品趕出市場。將海外子公司製造的產品誤認為仿冒品，還向當地的稅務機關檢舉的笑話可說是屢見不鮮。所以，如果想打造日本品牌或日本產業的品牌，使用規範就應該和企業商標一樣嚴謹。

7 採取開放及／或封閉策略的四種情況

共同研發

第一種情況，是在與一個或多個對象進行共同研發的階段。

在邁入共同研究的階段之前要先選擇合作對象，主要的選擇標準是對方擁有哪些技術，以及這些技術與所屬企業的技術組合起來預期能迸出哪些火花。此時要透過共同研究契約來規劃各自的研究範圍以及各自扮演的角色，還得決定要提供多少所屬企業的技術資訊，以及是否要接受來自對方的資訊。用英文來說，就是需要擬定開放式（open）與封閉式（closed）的戰略。不過，這部分還不算是真正的戰略，但企業一般都會事先規劃這個部分。

共同研究開始時，雙方通常都尚未申請專利。但就算對方是共同研究的合作對象，仍然不可以草率提供所屬企業的相關資訊。而該於何種研發層級與時間點申請專利，就要看業種的特性為何。

一般來說，如果所屬企業以抽象詞彙描述需求與規格，且合作對象負責滿足這些需求與規格，通常會由合作對象提出相關專利的申請；因為只有抽象的想法無法成為發明人。如果同意由對方負責申請專利，有時是私下期待由對方負起開發責任與產品責任。然而，共同研究的關係常會演變成零件買賣的關係。由這些零件組成的產品一旦發生產品責任訴訟，合作對象就必須對申請的專利技術負起開發責任，還可能因此被求償。

啟動商機，將技術賣給其他公司

第二種情況，是將所屬企業技術賣給其他公司的階段。此時會透過產品展覽會或技術展示會來宣傳自家已成熟的技術，並希望其他企業能夠予以採用。

由於需要與許多其他企業接觸，就得先看到（也可說是被揭露）部分申請專利。有時零件與成品的匹配部分也會產生新的智財，所以，所屬企業必須先針對這個匹配部分申請專利，而且還必須先想像那些採買這項產品的企業會如何使用這項產品，再針對這些使用方式來申請專利。

如果所屬企業好不容易開發完成的技術只適用於某間公司，就只能與這間公司進行交易；但是，如果能先了解自家技術會如何被客戶使用，就可能與更多客戶進行交易，如此一來，自由度就提高了。換言之，先掌握技術的衍生用途，並承諾免費授權使用，就能帶來更多交易對象。

常有人認為，這個階段的開放式及／或封閉式戰略，應該採取水平分工而非垂直分工。但其實這是一種誤解。

之所以會出現水平分工優於垂直分工的意見，是因為矽谷的企業是以水平分工的模式將技術下放至新興國家的企業。換言之，就是以開放的方式下訂單，同時將核心技術握在手裡，所以能成功確保本身的利益；反之，日本電子製造商因為採取內部垂直分工模式而無法調降售價，也因此喪失了競爭力，所以得出「日本電子製造商是因垂直分工模式而敗給矽谷企業」的結論。

事實上，矽谷企業的歷史很短，短到來不及建立自己的工廠，所以才得在接受大量訂單、擴大事業規模的階段向新興國家的企業下單。反觀美國東岸的企業與日本的大企業，他們都擁有完整的生產鏈。其實矽谷企業也希望擁有如此完整的生產鏈，只是因為現實所迫，不得不採取水平分工的模式。

日本企業在商場失利的主因是未握有關鍵技術；再者，是對於投資計畫與確保利潤要件的評估過於天真。在新興國家採取水平分工模式的矽谷企業，目前正面臨保護主義的政治風暴，所以打算從新興國家撤退。假設發生這種狀況，水平分工模式又將成為企業在商場失利的理由了。

生產鏈的廠商是日本企業在推動開放式創新之際最方便合作的對象，之後還能放大規模與不同業種的企業合作，這也是對日本企業來說最經濟實惠的合作方式，因此，不能一味地否定垂直分工的合作模式。因為，沒有人知道，在下一波浪潮來襲之際，現在占上風的企業是否還能站得住腳。商場沒有常勝方程式，企業只能依照時代與形勢的需求不斷調整戰略。水平分工的模式讓落敗的一方有機會捲土重來，但它最大的缺點在於：讓新的競爭對手有機會冒出頭來。

矽谷企業採取開放式水平分工的結果，就是落得反遭合作對象偷襲的下場。但是垂直分工通常不會發生這種被偷襲的情況，位於頂端的企業通常能控制整條生產鏈。

日本特許廳[12]也抱持水平分工較優的觀點，認為日本企業從第三方企業收取的授權金並不多，希望日本企業多將專利授權給第三方企業——這是一種誤導。將專利授權給第三方企業使用的行為，等於為自己培養未來的敵人。如果積極授權給第

12. 編按：相當於台灣的智財局。

三方企業，或許不到十年，企業本身就會嘗到市占率被對手蠶食鯨吞的苦果。

擴大市場

第三種情況，是在技術與產品成熟後進一步擴大市場，讓更多企業使用自家技術或產品的階段。

擴大市場規模的手法之一就是標準化，其中包括法定標準、實質標準、共識標準等。但不管是哪一種標準，標準化都只是一種增加夥伴、擴大市場，並藉此提高自家公司利潤的手段。為了擴大市場，企業通常要積極進行專利授權，但這種以標準化為目的的授權，授權金通常不高。

在日本智慧財產權高等法院（知的財產高等裁判所）平成二五年（ネ）字第一〇〇四三號裁判書中，制定規格有所貢獻的部分，授權費率為〇．〇〇九五。這個〇．〇〇九五，是累計權利金上限五％除以該標準必要專利數目五二九後所得出的數字。由於這些專利都是在未判斷該專利是否重要的情況下蒐集到的，所以，當標準必須的專利數量越多，計算得出的授權金當然就越便宜。

假設某間擁有大量獨門專利的公司打算將這些專利轉換成標準化技術，藉此收取高額的授權金，也會因為授權金的門檻過高而嚇走想使用這些技術的企業。可是降低授權金門檻，又會讓市場上充斥廉價的產品，形同整個市場被獲得授權的企業奪走。

想在這種情況下確保本身利益，除了擁有標準化的技術，就端看能取得多少周邊技術的專利與技術訣竅。此時開放式及／或封閉式的戰略就能派上用場。換言之，就是將標準化的技術設定為開放式，並將周邊技術設定為封閉式。對於擁有大量標準化技術的ＩＴ企業而言，授權金的門檻降低意味著難以回收研發資金，這也是個非常沉重的打擊。目前希望拉高５Ｇ標準必要專利價格的ＩＴ企業，與希望能夠平價使用這些專利的企業，正在檯面下展開激烈的談判。

關於標準化，日本經濟產業省這類行政單位的目標是技術領域增加多少個制定標準化的單位，但企業的指標卻是標準化的技術能為公司帶來多少利潤。制定標準的負責人曾告訴我，即使制定標準的是日本人，也會基於公平感與正義感，不願對日本企業有所偏頗。而國家的標準化戰略目標應該是日本的整體利益，而非負責制定標準化的單位多寡。

智慧財產功能的開放與封閉

第四個情況是經歷上述所有階段之後，從智慧財產功能面擬定的開放式及／或封閉式戰略。

專利只能在申請國主張權利，在其他國家都是無償公開的資訊。如果選擇申請專利並公開時，為開放式戰略；如果不申請，僅作為公司內部的技術訣竅（know-how），則為封閉式戰略。

每個公司都會盡力保護這部分的技術，也有許多企業會建立一套流程，以確保哪些技術不該申請專利，只當成公司內部的知識使用。換言之，這些企業並不是直接針對每項技術判斷是否申請專利，而是利用這套流程進行判斷。舉例來說，一直到十年前，各家公司都競相替材料種類、選擇方式、表面處理方法、溶液種類、接觸時間、溫度控制、事前事後處理的技術等提出專利申請。但是，現今有許多企業不願申請這類專利，而把這類技術當成公司內部的技術訣竅使用。因為無法從市售產品判斷出來的技術無法向其他公司主張權利，所以不適合提出專利申請，只能採取封閉式戰略。這也形成了一種固定模式。另外，有些案件會在專利申請文件的技術重點巧妙地加上一些障眼法，這種方式必須針對個別專利申請案來進行。

智慧財產功能的開放式及／或封閉式戰略之前就已存在，近年來變得越來越重要。這是因為，新興國家的企業經常透過先進國家企業的專利資訊學到技術，之後就逕自使用，而不向權利人申請授權。

更有甚者，某些新興國家企業會稍微修改先進國家企業寫在專利資訊的技術內容，當作是自己的發明並提出專利申請。例如，可提出以限定用途或特定數值這類因為特定範圍而產生新物性或效果的專利。既然是有特定範圍，必定對最初申請的權利範圍做出了一定限縮。而像這樣不需經過研發，只需按照書面指示就能完成的相關操作，可能被新興國家企業當作是新技術的「開發」。尤其是在那些只要提申專利就能從政府手中得到高額獎金的國家，這更是一大誘惑。

智慧財產功能的開放式及／或封閉式戰略是一種戰略，各家公司不會公開。但是這二十年來，為了處理新興國家企業盜用專利的問題，這項戰略也正不斷地進化中。

COLUMN

專欄　日語與坦米爾語

已故的學習院大學大野晉教授主張日語源自於印度。當我還是這所大學法學部的學生時，曾混入文學部的教室偷聽當時已非常知名的大野教授講課。

達羅毗荼人（Dravidian）占印度人口達四分之一，人數多達兩億人，主要居住於印度中南部，他們使用的方言之一是坦米爾語（Tamil）。在印度最南端的坦米爾納德邦（Tamil Nadu），坦米爾語是最為普及的語言，其文法、音調、語彙都與日語非常相似，即使是和其他與日語近似的語言（如藏語）相較，坦米爾語也更近似日語；反觀普遍認為與日語近似的韓語則不那麼相似。

坦米爾語與日語的文法，在語順、關係代名詞的用法、助詞、助動詞的排列上幾乎都相同；助詞的部分與日語完全一致；發音相同的單字超過五百個以上，而且許多農業詞彙也非常接近。例如，旱田唸成「BATOUKA」、水田唸成「TANPA」、稻穗唸成「ENA」、白米唸成「KUMAI」。只要閱讀大野教授的《日本語的形成》（岩波書店、二〇〇〇年），就能了解箇中詳情。其他相似性的說明也非常具有說服力。這本書中的內容也不禁讓人遙想達羅毗荼人於西元前大舉渡日，並於日本各地定居的情景。

不久之前，我剛好有機會前往坦米爾納德邦的哥印拜陀市（Coimbatore）演講。得知這個機會時，我可說是心潮澎湃。因為這次要去的地方可是足以與日語以「兄弟」互稱的坦米爾語核心都市，我也想進一步確認坦米爾語是否真的與日語非常接近。因此，我先透過網路上的坦米爾語發音網站練習發音。單字的語順雖然與日語接近，但發音上還是有些微落差，練習起來並不容易。

不知道大家看了知名的坦米爾語電影《帝國戰神：巴霍巴利王》之後，會不會覺得自己也會說坦米爾語呢？對我來說，坦米爾語的重音很像是日本某個鄉下的方言，但還不到能夠與其對話的地步。

令人遺憾的是，到了當地，我仍然無法與當地人對話。在本章〈開放式創新的嘗試〉的「首選的合作對象是印度」一節提到的演講就是這場演講。

順帶一提，若從語言學的角度調查古代有哪些民族來到日本，就會發現許多有趣的事。萬葉集中有個枕詞，叫做「NUBATAMA的YORU」，意思是NUBATAMA的夜晚過去後，有上千隻鳥兒將在老木叢生的清麗河原鳴叫。NUBA為西藏語的「夜晚」；TAMA為梵語的夜晚；YORU為喜馬拉雅雷布查語（Lepcha）的夜晚。看來，在古代同一時期來到日本的許多民族，為了避免產生語言上的誤解，特地使用了許多意義相同的語言。一般認為，《萬葉集》中這類語意不清的枕詞可就此得到解釋。最近更進一步調查蘇美語[13]、阿卡德語[14]古埃及語對日語的影響等，我也發現這些語言似乎對日語的影響十分深刻。

我的故鄉「岩手」使用許多平安時期的京都詞彙。例如，蜻蜓在平泉町偏北一帶的讀音仍是「SEIREI」，這個「SERIREI」就是《蜻蛉日記》「蜻蛉」的讀音。這或許是平安時期從京都來到平泉的人所留下的詞彙。蜉蝣或蜻蜓這兩個詞彙似乎都保留了古音。至今即使連接平泉與京都的道路已中斷，這類詞彙卻在平泉町扎下了根。SEIREI的說法雖不是語言學者提出的例子，但對我而言，越淳樸的鄉下越能保留古老語言與風俗習慣，這是最好的例子。

遠古時期，達羅毗荼人從印度大舉來到當時仍然是窮鄉僻壤的日本後，在日本定居，也讓日語產生變化。

現今，日本企業大舉進軍印度市場，對印度的產業造成影響。一想到這裡，就讓人感受到地理與歷史的浩瀚，也讓人心神為之馳揚。

13. 編按：古代美索不達米亞南部使用的語言。
14. 編按：阿卡德語，古代亞述和巴比倫使用的語言。

第 4 章

新創企業也是夥伴

1 投向新創企業真的有未來嗎？

大企業對新創企業的不滿

在日本，對於新創事業（venture）以及初創事業（startup）（以下並稱「新創企業」）的育成，呼聲雖高，但必須投入比過去更多、更強的力道。我在日本常有機會與致力於新創企業育成的相關人士或地方政府談話，也非常尊敬這些單位在這方面的努力，當然也想助他們一臂之力。

本田於二〇一八年十二月發表要對四個國家的創投（venture capital）進行投資：美國的SOSV、法國的三六〇 Capital Partners、芬蘭的JB Nordic Ventures、中國的雲啟資本（Yunqi Partners）。這波投資可說是為了觀察全球的技術發展。我是本田在美國創投的第一位負責人，所以，我很高興看到這項投資活動的範圍擴張到全球並繼續進化。

JR東日本在二〇一八年二月設立了JR東日本初創股份有限公司（JR東日

本スタートアップ株式会社），又於同年十一月舉辦活動，採用AI來預測新幹線的交通顛峰狀態，並開發自動驗票閘門的隨身物品檢查裝置。JR東日本自行成立創投的優點在於能隨時觀察有無新技術問世。而由大企業自行成立的創投又稱為CVC（Corporate Venture Capital：企業創投）。

一般而言，創投這樣的商業模式，指的是某些事業公司、金融機關、投資人等將資金投入具未來展望的新創企業，待該企業上市後再賣掉股票獲利。但CVC的目的卻是幫助所屬企業成長，如果能妥善運用CVC模式，就能吸納自家公司無法觸及的周邊技術以及具有風險的開發研究。

為了活化日本經濟，福岡市已被規劃為培育全球創業、創造就業機會的特區，也強力支持新創企業。目前打算活用已關閉的小學校舍，同時也已高掛FGN（Fukuoka Growth Next）這個招牌。

將每間教室都當成新創企業的辦公室使用，新創企業也可以在這些辦公室舉辦活動；每年募資都高達三十七億日圓以上。部分校舍轉為初創咖啡館（Startup Cafe）這樣的共同空間，不管是補助、公司稅減免、人才招募，還是其他一站式（one-stop）創業服務等，皆可在此進行諮詢。去初創咖啡廳看看就會發現，有許多小團體正在開會，也能感受到整個廳內充滿創業初期特有的熱情。

對今後的日本產業而言，支持新創企業應該是需要投注更多心力的戰略之一。因為每間日本企業的技術人員多寡不一，人數大多占全公司的二至三成，這些技術人員通常利用有限的研發預算來改良與開發所屬企業的產品。早期，企業只需要將開發出來的新產品丟入市場，銷路就能開出紅盤。從市場傳回的意見即使很尖銳，負責企劃與研發的人員也必須予以傾聽，並且推出經過適當改良後的系列產品。此外，各個業種之間的界線已越來越模糊，與其他業種的競爭也越來越激烈，經濟合作協定的關稅減免範圍越來越大，因此，必須隨時注意自家技術的周邊技術，否則就有可能被突然問世的新技術絆一大跤。所以，注意新創企業，可說是一種能保有自我警惕的方式。

二〇一五年，美國新創企業投資總額高達七兆一四七五億日圓；日本的新創企業投資總額則為一三〇二億日圓，兩國的差距雖然無法單純就投資環境的優劣來解釋，但日本的GDP只有美國的四分之一，因此，日本的新創企業投資總額的確少了一位數。

日本的新創不熱絡的理由其實不難想像。一是大企業並未設立與新創企業合作的部門；二是囿於過去經驗，覺得沒必要與新創企業合作。大企業向來認為新創企業只是提出發想，如果是從同一個發想出發，自家公司的研發部門一定能將新創企業遠遠拋在腦後，並迅速抵達研發的終點。

至於新創企業的情況，日本的創投在育成企業方面的經驗過於貧乏，到目前為止都未曾成功扶植任何企業，所以也無法成為大企業在商場上合作的對象。對於大企業來說，即使在新創企業身上砸下大筆資金，也只能稍微影響新創企業的經營方式。雖然影響力的多寡由投資金額決定，但大企業通常無法影響新創企業的業務或人事，而且如果還有其他公司投資更大筆的資金，所屬企業的發言權就會隨之變弱。因此，就算大企業渴望參與新創企業的經營，能做的也往往極為有限。

假設投資者因無法實質影響新創企業的經營就放棄投資，改為基於保密協議與新創企業進行共同研究，這也是一個不錯的選擇。有些大企業眼光不夠長遠，可能會在進行共同研究時取得新創企業的創意或資訊，並在不違背保密協議的前提下，將新創企業的創意解釋為公共資訊，主張改由所屬企業獨力進行可更經濟、迅速地取得開發成果。因為，長期處於嚴峻競爭環境中的大企業通常無法等待，總是希望能夠早一步用自己的力量催生開發成果。

不過，無論大企業再怎麼主張新創企業的創意是公共資訊、毫無祕密可言，對新創企業而言，創意被大企業偷走可是件攸關公司生死的大事，而大企業通常也不會對體質還不健全的新創企業如此痛下毒手，所以大企業再怎麼心癢難耐，也只能耐著性子與新創企業合作。

新創企業也常遇到人事糾紛、資金短缺等挫折，一旦因為這類挫折而一蹶不振，對新創企業的投資也將成為泡影。此時，大企業的新創企業負責人就必須出具一份內部簽呈，說明投資金額無法回收，並將該筆金額認列為投資損失，如果損失過鉅，還得在經營會議上報告投資失敗的理由。但投資了數億日圓卻換來一場空，還是難免令人不勝唏噓吧！

失敗就一定是錯的嗎？

這雖然是題外話，不過日本企業的員工只要沒有犯下大錯，人事考核結果通常是不錯的，也能就此一路直升。

這個日本傳統讓人聯想到正是太平洋戰爭的海戰模式。不管是在夏威夷、中途島（Midway）還是雷伊泰灣（Leyte Gulf）的海域，在決戰千鈞一髮之際，日本艦隊都選擇調頭返航，而不是選擇衝入戰場。一般認為，它之所以選擇返航，是因為艦隊司令官害怕在積極作戰下折損船艦，導致自己的人事考核被扣分。作戰失敗形同扣分，而那些躲過失敗的同梯就會先行晉升。這個題外話是否屬實，其實已無所謂。因為，之所以傳出這種說法，是因為實情更勝於謠傳。順帶一提，美國海軍平常使用的人事考核系統並不適用於戰時，所以也有折損船艦但卻選擇積極搶攻的人獲得拔擢。

到目前為止，日本企業仍然瀰漫著失敗等於扣分的氛圍。我曾聽過，即使研究已經成功，有些主管也不願擴大設備投資以及事業計畫的規模，因為他們害怕因此面臨更慘重的失敗。對於這些主管而言，一旦失敗，不但公司損失慘重，自己也會被扣分。因此，就算其他公司因為推出類似的產品而大獲全勝，他們也會安慰自己「這些都是其他公司的事，跟我沒有關係」，而其人事考核也不會因此被扣分。

我之所以寫得這麼冗長，是因為負責與新創企業接洽的人絕對會遇到失敗，所以最好能建立一個不怕失敗、只看是否勇於挑戰的制度。就算企業高層想要搭上流行與新創企業緊密合作，第一線員工也有可能因為害怕失敗、害怕在人事考核上被扣分，因而遲遲不敢採取行動。要想避免這種情況，企業高層就必須明確宣示——**新創失敗也沒關係**。

化解對新創企業的不滿

要化解新創企業內部的紛爭，必須改善以下兩點：第一，新創企業必須控管內部爭議與工作水準；再者，負責統籌的創投不能只提供資金，還必須介入新創企業的經營，將新創企業培育成一個體質強健的企業。所以，新創企業成功的第一步就是先強化企業經營。

不少新創企業會因為擁有絕佳的創意而不可一世。這類新創企業認為，技術夠優秀就會有人想採用；也認為量產的流程不會是問題，覺得自己的創意一定能在IPO（Initial Public Offering：首次公開募股）之際大放異彩。

我發現，很多非企業體系的學者或官僚都是愛做夢的少女。我曾在美國創投主辦的新創企業簡報會議中提出產品開發與智慧財產權的相關問題，而無法正面回答這些問題的人，通常都是形象正派、文質彬彬的學者。

在這樣的狀況下，大企業可能會想要協助新創企業補足它的弱點，或是乾脆收購這家新創企業，改成內部新創的模式。全球最熱衷於收購新創企業的，就是眾所周知的GAFA[15]。到目前為止，Google已收購了一九〇家公司，Apple收購了八〇家、Facebook收購了六〇家，Amazon也收購了六〇家企業。這四家科技巨頭採取的做法是直接將其他公司的成果納為己用，而不是採取間接影響的方式。他們除了自行培育技術人員，也將全球的技術人員視為資源，企圖透過積極吸納這類資源以贏得未來的競爭。

15. 編按：指Google、Apple、Facebook和Amazon。

2 「智慧財產融資」是什麼？

透過智慧財產評價來籌募資金

草創時期的新創企業無法支薪給員工，所以不向銀行融資就會斷炊。只有創意或智慧財產還在初期階段時，新創企業很難從銀行手中借到錢。本身沒有資金的日本銀行都是拿儲戶的存款來融資給企業，如果無法回收融資將是一大打擊。因此，為了避免因為過度放貸而倒閉，日本銀行對於融資非常謹慎。這就是融資與投資的不同之處，因為，日本銀行從來不了解投資為何物。

銀行可以先對新創企業的智慧財產進行估價，讓這些智慧財產轉換成貸款的擔保品，以備萬一發生什麼事時，就將這些智慧財產變現，以彌補財務上的損失。但大部分的銀行都沒有評價智慧財產的能力。

日本特許廳雖然提供智慧財產評價的服務，但特許廳並非自己提供服務，而是介紹外部的相關業者，銀行也只能依賴這些業者。如果只是評價商標或許還沒什麼問題，但要將專利當成擔保品來進行評價，就可能比直接評價專利還要困難。因為，這還必須評估該事業的現金流是否足以償還貸款，所以，到目前為止，日本還不能將專利當成銀行的擔保品。

從過去的資料來看，自二〇一一年之後，豐和銀行、千葉銀行、山口銀行等地方銀行都持續融資給新創企業。在此之前，日本政策投資銀行也曾在一九九五年至二〇〇八年之間提供三百筆融資，金額高達二百億日圓；但在二〇〇八年之後則只融資過一次。

沒有資金，新創企業就無法啟動，也無法被育成。有許多都市銀行[16]曾請我去講解智財評價與智財融資的入門，這些銀行雖然有興趣，卻沒有突破瓶頸的對策。這些銀行無法將專利當成擔保品；雖然知道應就該事業的現金流來評估智慧財產，卻缺乏驗證的技能，所以最終只能將智財融資冷處理。但對日本的新創企業來說，如果無法得到銀行融資方面的強力支援，就無法被成功育成。

16. 編按：泛指總部設在東京、大阪等大都市，廣泛推廣業務的銀行。

中國與新加坡的新創智財評價

就資料面來看，中國的智財融資非常熱絡。根據公開資訊顯示，中國國家知識產權局自二〇〇八年通過以專利為擔保品的融資之後，到二〇一三年的這五年間，相關融資達到一兆二〇八億日圓的規模。據某方面的資料／數據指出，山東省曾針對一一〇件中國專利以及三十四件中國商標作出價值一二〇〇億日圓的評價，但其中單筆價值十億日圓的專利，卻沒有顯示相關編號及內容。

中國的智財融資是由政府領導的企業育成政策，如果觸礁，政府就會在暗地裡彌補其損失。我想彌補的金額一定相當大，但中國向來不公開這些資料，所以不能只看表面的數據。也由於中國的智財融資非常熱絡，所以不能單看表面的資料與日本比較。

新加坡智慧財產局在二〇一四年提出一個專案，規定任何企業要以專利申請銀行融資時，必須先透過三家特定評價公司進行評價，之後新加坡的在地銀行才能融資給新加坡法人；如果日後無法回收資金，則由銀行與政府來彌補其虧損。既然新加坡政府已表明損失由政府負責，應該就不需要在公開的資料／數據上動任何手腳了。

新加坡政府之所以無所不用其極地推動智財融資，為的就是要徹底實踐由國家育成新創企業的政策。銀行如果對智財融資有任何疑慮，就應由政府在背後撐腰，這才是可行的政策。新加坡政府在聽取澳洲智財評價專家的意見後，就積極實施智財評價的政策。

馬來西亞、印尼以及其他東協國家，在看到新加坡的成效後，也試著採用相同的系統來育成新創企業。這些國家顯然打算主動育成該國的新創企業，也確實產生成效，這也可能吸引全球的新創企業前來。只可惜「由政府幫忙彌補損失」這件事在日本很難做到。之所以很難做到，是因為很難說明新創企業的失敗為什麼要動用人民的納稅金。

日本特許廳的智財業物評價書並不是由特許廳來負責評價，它只扮演介紹外部業者的角色。所以，這根本不算是特許廳負責執行的政策。若銀行根據其評價結果予以融資，最後卻無法回收資金，政府也無法承擔任何責任。因此，如果想以融資的方式來育成新創企業，就應該參考美國的方法。

3 為什麼美國能夠成功推動智財融資？

美國打出的三張王牌

柯達曾以智慧財產作為抵押，向銀行借了一千億日圓。美國似乎可以接受所有專利的二〇％設定抵押權。基本上，設定抵押權的目的不是為了育成新創企業，而是要讓大企業在業績不振時能向銀行取得融資。

就現階段而言，以專利作為抵押，借款金額最高的企業就是GM（通用汽車）。我有許多朋友在通用汽車上班，聽到借款金額最高這一點，大概會想問通用汽車的管理沒問題吧？但企業向銀行借款本來就是稀鬆平常的事，沒什麼好大驚小怪。在美國，提供融資的通常都是摩根大通、美國銀行、花旗銀行、德意志銀行這類一流銀行。

智財融資之所以能在美國如此熱絡，全在於擁有三張王牌：第一是穩健可信的智財評價方法；第二是降低融資風險的服務；第三是在無法回收融資時，可從流通市場[17]回收資金。這三張王牌之一的智財評價方法，是在美國智財的訴訟中，評估損害賠償的專家不斷試圖拉高損失賠償金額的過程中逐漸形成。順帶一提，日本沒有這種專門負責評估損害賠償的專家。

在降低融資風險服務方面，舉例來說，會先對智財進行評價，計算出可以確實回收的金額後再向銀行提供擔保，並在無法回收借款時，讓銀行取得智財並於市場上出售，藉此回收資金。從事這類工作的服務代理商可為銀行評價智財，讓銀行放心地提供企業融資。但日本也沒有這類服務。

最後的救贖之道就是有一個流通市場，能正確評估企業所釋出的智財，再讓智財轉換成現金。因為有這三個循環，所以銀行才敢積極地以智財作為擔保品而向企業進行融資，並發展至今。

17. 編按：circulation market，證券發行後流通的市場，如證券交易所，亦稱為次級市場。

你也可以成為天使投資人

新創企業的育成，除了銀行的融資外，投資人也扮演了相當重要的角色。融資是一種能確實回收的低利貸款，但投資則屬於高風險、高報酬的行為。

對新創企業的投資主要分成兩種：一是創投，一是天使投資人。創投是在新創企業與大企業之間居中斡旋的角色；天使投資人則是以個人身分直接投資新創企業的投資人。創投的投資額度通常超過一億日圓；天使投資人的投資額度則在一千萬日圓上下。所以，天使投資人可以更廣泛地投資小而美的新創企業。

在美國，目前創投的投資標的約有三千五百家公司；天使投資人的投資標的則高達十倍以上，超過五萬家，兩邊的投資總額粗估約有三兆日圓之多。

小型新創企業的經營者能向父母或親友借貸的款項並不多，在獲得大企業的投資前，公司都還處於非常不穩定的狀態。此時，有如全身散發著光芒的天使一般帶著大把鈔票出現的，就是天使投資人。不過這些天使投資人對於投資報酬的要求是很高的，絕不是白白提供資金的善男信女，因為在他們眼中，投資就是一門生意。

美國約有三十萬名天使投資人，日本約有八百人。希望大家仔細觀察這個數字。以日本的經濟規模來說，天使投資人的人數應該要有美國的四分之一，也就是八萬人左右。所以，日本說不定很適合推動「大家一起把退休金換成天使資金吧」的活動。

4 智財評價、融資、流通市場

要模仿就模仿美國的優點

與其羨慕美國，還不如回過頭想想日本能做些什麼。如果日本也能具備智財評價、融資、流通市場這三個要項，應該就能促進智財融資的發展。如果地方企業、中小企業、新創企業能透過智財取得銀行融資，他們在商場上的勝算就會多幾分，也能期待他們為日本的產業盡一己之力。此外，從柯達的例子可知，大企業如果能在面臨經營危機的時候以智財作為銀行抵押取得周轉的資金，就有機會存活。

但若擁有大量的智慧財產卻無法換現，這些財產可說是華而不實。如果能透過融資培養正確評價智財的技巧，或許就能連帶使日本的智慧財產獲得更高的評價。

一般認為，日本智財侵權訴訟的損害賠償金額之所以非常低，是因為日本沒有評估損害賠償的專家，以致日本律師與日本企業在面對智財被侵害時，不知該如何評估其損失的程度。這當然也和很少在向銀行融資時進行智財評價有關，因此，日本有必要進一步研究正確評價智財的方法。

為了掌握正確評估智財的方法，大型都市銀行有必要積極參與智財融資。在所有產業中，大型都市銀行面對風險的態度最謹慎，所以今後還是會以一些冠冕堂皇的理由或是以保護日本產業為藉口，拒絕參與這件事吧！所以，如果不採取降低融資風險的服務，不提供這種保險，也不建立流通市場，好孕育一個讓智財更有機會變現的環境，那麼智財融資就只是紙上談兵。

就降低融資風險的服務來說，可以參考美國的成功範例並從中找出商機。希望本書讀者能有人挑戰這項服務。

透明的智財買賣資訊有其必要

日本沒有專利流通市場。之前曾試著透過專利流通展覽會的方式建立市場，也曾有過高調進軍日本的網路智財買賣仲介商yet2.com，但這些例子幾乎都以失敗告終，理由主要有兩點：一是客觀評價智財的系統尚未建立；一是智財買賣的需求並不高。

如今，智財的買賣需求已經增加。賣方的主力為日本大型電子製造商，買方則是新興國家的企業及NPE[18]。可惜的是，賣方並未公開自己的公司名稱，也從未揭露交易金額，所以沒有可供參考的行情。流通市場也因為買賣雙方妾身未明而無法形成流通市場。這一點和美國的流通市場相差甚遠。

在美國，兜售智財的是經營不善的企業與業績不佳的NPE，而收購智財的一方，是想藉由智財擴張自身的專利版圖。此時買賣雙方的企業名稱以及買賣金額都是透明的公開資訊。由於是完全透明的資訊，所以就有值得參考的行情，任何企業都能根據這些資訊參與市場與進行買賣。若是日本想打造活絡的專利流通市場，就必須讓上述的資訊更加透明。

源自大學的新創企業

根據日本經濟產業省的資料可知，截至二〇一七年為止，與日本大學相關的新創企業共有二〇九三家。這些新創企業，是透過基於大學研究成果所開發的專利、新技術而將研究成果作為商業用途獲取利潤。其中部分是與大學進行共同研究的新創企業——也就是透過新創企業持有的技術所成立的事業；部分則是透過技術轉移從大學取得技術的新創企業，可讓現有事業繼續維持、發展；有的是學生的新創企業，與大學的關係很密切；有的是大學出資的相關新創企業；還有一些是與大學關係密切的新創企業。

所謂與大學關係密切的新創企業，通常是大學為了滿足要催生新創企業的期待才設立。說到底只是為了打腫臉充胖子，在新創企業的數量上灌水罷了。

雖然這些新創企業都源自於大學，但大學不會在後續的成長階段提供融資，所以這些新創企業很快就會面臨經營上的困難。因此，這時候也需要智財評價、融資、流通市場這三個要項進場。

18. 編按：non-practicing entity，不實施專利實體，係指未從事研發及生產，只透過授權及／或訴訟來收取權利金或損害賠償的專利所有權人。NPE常和「專利流氓」一詞畫上等號，但NPE也有可能是學術機構的技轉中心、專利管理公司等。

5 新型態的全球產學合作

委託海外的大學

除了源自大學的新創企業外，有些大學也是日本企業在開放式創新上的有力夥伴。

日本的跨國企業遍布世界各地，當然有許多機會與海外大學往來。如果在當地建立工廠、從事生產與銷售，更會與當地政府頻繁接觸，也需要捐款成立講座。此時通常就會積極地捐款給海外大學。

本田在許多國家從事商業活動，在這類業務上，通常會先鎖定重點大學。例如，在北歐與這所大學合作；在中東就與那所大學合作。接著會調查這些大學是以哪一種形式進行產學合作，再視情況決定是否與其進行共同研究；當研究成果成為商品就在當地進行銷售。而只要有該國知名大學為產品的技術掛保證，當然能在當地銷售市場開出紅盤。

日本企業與海外大學交易時，就能切身感受到日本大學與海外大學完全不同。最大的不同點在於：日本大學只將國內其他日本大學視為競爭對手。反觀海外大學，他們會徹底調查全球有可能成為其對手的大學，而且會做出改變，以便戰勝對手、贏得訂單。至於改變的內容，例如：更新設備、購置規模更大的研究設備，採用更了解業務運作的人員進行經營與管理。如果有優秀的人才，哪怕是自由工作者，也會極力加以招募，否則就無法在全球級的競爭中獲勝。

美國加州州立大學、私立的史丹佛大學以及英國國立劍橋大學的產學合作模式都十分成功，讓全球的大學稱羨。全球有志與企業合作的大學，除了對這種模式刮目相看之外，更應該仿效其能模仿的部分。

具體來說，就是盡量邀請產業界的高層來擔任理事，並以有別於教育的經營角度來評估研究內容與成果；同時依照產業界的需求去調整學科體制，讓大學有機會培育大量相關人才，再根據獲得外部資金的成績來汰換研究人員。這些資訊都要公開，並確保這些資訊完全透明。

有識之士對日本大學的毒舌評論

二〇一六年十二月，野依良治[19]在政府的委員會提出對日本大學現況的評論，這些評論現今也已公開。野依教授嚴詞批評「大學的人事安排過於封閉，往往都是黑箱作業，缺乏公平公正的制度。教師的任用應由法人化的大學來決定，而不是由資深教授一手操控，這（大學的課程）簡直就像是昔日的封建制度」。看來，日本大學的體質比我們這樣的外行人所能想像的更加陳腐。

寫好委外研究的企劃，打聽有沒有海外大學願意承攬後，有興趣的大學就會寄來內容精彩絕倫的企劃書。這類企劃書的內容通常會告訴你：如果將此研究委託我們大學，保證可以交出一定程度的成果。之後會設定挑戰的目標，至於要達成哪些目標也會一一提供每一階段的報告，同時列出研究人員的個人履歷，並列出主要論文及所申請的專利。

想與企業合作的外國大學，其所擁有的設備都出乎意料地齊全。相較之下，即使是設備較佳的日本大學，也難以與這些外國大學相提並論。而這些外國大學之所以能夠擁有如此齊全的設備，當然是因為這些外國大學一直致力於本身的「企業經營」，如此才能夠從企業獲得足夠的資金。因此，學生自然會往這些學校匯聚，學校也能留住研究人才。如果後續又如先前所承諾地完成挑戰，企業對大學當然就更加信賴，也會在自家內部資料中將這些大學列為承包下一個專案的潛在選項。

日本文部科學省的過度指導

我認為，日本大學如果只按照日本文部科學省的指導方針行事，恐怕難以在爭取企業產學案這件事上與外國大學一較高下。

按照常理而言，企業與大學之間的契約應該非常靈活、有彈性。但是日本大學通常是由管理部門的負責人擔任與企業溝通的窗口；在日本文部科學省的指示下，他們無權修改契約，只能扮演窗口的角色，自然也無法因應技術主題或研究內容來修改契約內容。

一般來說，契約內容會隨著對象、研究內容以及條件進行修改。如果日本大學有心從產業界引入資金活水；想藉此擴充設備、招攬研究人員；累計研究成果並強

19. 編按：二〇〇一年諾貝爾化學獎及沃爾夫化學獎雙料得主。

化產學合作，就不該受到契約限制，必須想辦法透過契約裡的條件戰勝海外對手。

日本企業每年支付日本大學的研究經費約為七五〇億日圓，如果除以委外研究的案件數目，則每項研究案只有二五〇萬日圓的經費，這差不多是企業捐助大學獎學金的水準，根本無法支撐主題式的委外研究。

我曾試著自政府部門調閱日本企業到底支付多少研究經費給海外大學，可惜找不到相關資料。但就我的經驗來看，每項研究案的經費大約在數千萬至數億日圓之譜。

日本企業之所以會與日本大學建立一定程度的關係，是因為日本的大學生畢業後很可能會在日本企業工作，因此，日本企業期待的是優秀的學生、而不是研究的成果。為了找出優秀學生，這二五〇萬日圓的經費算是合理的花費。換句話說，日本企業花這筆錢是為了留住人才，而不是為了和日本大學做生意。

贏得勝利的作戰方式

如果希望日本大學能在與全球大學的競爭中獲勝，有一個方法能讓日本大學積極爭取來自產業界的委外研究專案。那就是徹底調查海外大學接受委託的第一線資訊，再建立能與之一決勝負的體系。所以，第一步必須將日本大學分成想獲得企業資金以及不想獲得企業資金兩種，並重點培育想與企業合作的大學，才能有機會與海外大學一決雌雄。

就我所知，大學產學合作總部部長通常只會在這個位子待一兩年，這是日本的人事慣例，因此很難推動改革。所以，產學合作總部應該雇用資深的專業經理人來進行管理。

其實美國大學常常聘雇專業經理人。負責契約交涉的管理部門負責人，不該墨守日本文部科學省訂定下的契約草稿。雖然不需要像美國大學一樣雇用能言善辯的律師，但應該雇用契約專家，為大學量身打造出符合研究主題的契約。

今後，如果日本大學想參與全球的開放式創新，並成為其中值得信賴的關鍵角色，就必須擬定作戰計畫，如此一來，才能從全球的競爭對手中脫穎而出。例如，學習製作企劃書的技巧、從外部招攬研究人員、強化研究體系與管理制度，這些都是必要的準備。

許多人強烈希望日本大學能帶動日本的開放式創新。但截至目前為止，日本的開放式創新似乎還沒上軌道。反觀海外大學已著手推動大學研究的整合管理，日本大學再不策馬急追，恐怕就來不及了。例如，為了提升產業的競爭力，德國大學會與各方企業協調，由大學負責原本該由企業建置的基礎技術開發。換言之，企業之間不需要無謂的競爭，以大學為中心來主導，為整體社會做出貢獻，這也是非常合理的做法。

將中國ＡＩ相關技術的專利以申請件數的多寡進行排序就會發現，除了領頭羊中國國家電網公司外，擠進前段班的幾乎都是大學，例如，北京大學、南京大學、浙江大學與西安電子科技大學等。可能是因為ＡＩ是一種共用的基礎建設，所以由大學負責管控而不是由企業分頭建置。中國的大學不會自行將專利投入商業發展，而是授權給企業。因此，中國企業與其分頭投資各種研發，不如與大學合作研發，之後中國企業就能以合理的使用費來使用研發成果。

日本ＡＩ相關技術的專利申請件數依序為ＮＴＴ、ＮＥＣ、日立、Sony、富士通等企業，日本大學全都榜上無名。

日本企業如果在此時鬥得你死我活，會有什麼下場？其實殷鑑不遠。當時日本的電子公司在互不合作的情況下進行開發，在日本申請了許多內容相似的專利，而為了迴避其他日本公司的專利，每家公司在設計上都受到侷限，最後導致整體市場的利益下降。這情況與納許均衡的理論如出一轍。

如果從日本整體利益來看，由大學開發共用的基礎技術，擔任積極支援產業的角色，那麼國家的競爭力一定會提升。

早在二十年前，就有人呼籲要強化日本產學合作，但至今似乎仍然沒有任何改善。日本大學在強化本身體質，以求贏過海外大學之餘，如果能同時建立日本的整體產學合作大戰略，想必就能增加幾分與海外大學競爭的勝算。

6 公司內外都活用新創

內部新事業無所不在

許多企業都會在內部成立新創部門或開創新事業。

野村總合研究所在二〇一三年進行了一項新事業創設支援實況問卷調查，結果指出：營業額高於一兆日圓的日本企業，有兩成設有內部新創制度。其中部分有特別命名，例如，Sony的「Business Design & Innovation Laboratory」、Panasoinc的「Spin-up Fund」；部分企業雖然有新事業開發的制度，卻沒有特別為其命名。

內部新創是公司內部的研發專案，一般是由人事或總務這類後勤部門負責支援，這樣的配置也是一大優勢。

判斷進化階段的實用基準

不管是企業內部還是企業外部的新創，全美創投協會（National Venture Capital Association）對新創的進化階段都做出了清楚的說明。希望日本能立刻參考這類非常實用的資訊。

新創的進化共分成四個階段：初創的試作品階段、早期完成品階段、擴大規模的初期事業化階段，以及最終的量產產業化階段。這四個階段分別需要一年半的時間，所以走完這四個階段需要六年，最終才能開花結果。這個時間的設定只是一個參考值，如果因為某些問題而晚於這個設定，就可能需要回頭檢視問題在哪裡。

在初創的試作品階段與早期完成品階段，新創企業因為尚未開展事業，沒有自己的資金，所以需要政府的補助或是天使投資人的贊助。如果是企業內部新創，就不用擔心資金匱乏的問題。

而若成品經評估後被認可具備商業價值，這個階段的新創企業就會將注意力轉向創投；如果能獲得創投垂青，就能得到大筆投資。創投會請來大企業的新創投資負責人，為他們介紹新創企業推出的成品或技術，但新創投資負責人也會自行進行技術評價。對技術部門與智財部門來說，這項工作不過是日常工作的延伸，此時還不需要財務部門出面。

投資與否，端看技術或產品的完成度。投資的重點是可以在早期獲得相關資訊，所以此時投資金額不需要太高。一個還沒進入下一階段的新創企業，如果在此時取得大筆資金，可能會因此增加不必要的設備或人力，失敗的風險也將大增。之後，在新創企業事業化的階段決定是否追加投資。大企業追加投資的考量是新創企業的技術能不能與大企業本身的原有技術創造出加乘效果。不管新創企業的產品有多好，只要無法創造加乘效果，這筆投資就無法為公司創造優勢，剩下的就只有投資獲利的問題而已。因此日本企業通常對這類投資不感興趣。

我三十幾歲的時候，大約有十年的時間都在株式會社本田技術研究所的基礎技術研究中心從事初期的研究企劃，比較值得一提的是曾參與過二足步行機器人與商務噴射機的企劃，這些都是與企業內部新創育成相似的工作。這個經驗告訴我，公司的經營者如果不用心呵護內部新創，內部新創通常會中途受挫而夭折。就算是結果很成功的二足步行機器人與商務噴射機，也曾歷經挫折，要不是本田高層的意向明確，這些內部新創斷不可能成功。

之後我擔任美國創投的負責人，經手許多件新創企業的投資，卻沒得到什麼成果。有的是在投資之後，得等上好一段時間才能看到成果；有的是好不容易開發了新技術，卻因為內部糾紛或分裂而告吹。美國的新創企業雖然如雨後春筍般出現，但失敗的例子卻也不在少數。

對企業內部而言，由智財部門的員工負責評估對於新創企業的投資是合理的做法，因為這些員工能將技術評價做到一定程度，還能區分自家公司與對手公司的智慧財產，也能擬訂各種契約條件。日本大企業的智財負責人如果能抱著扶植日本新創企業的精神促進日本的開放式創新，一定能提升日本的整體實力。

新創企業的育成也是一種挑戰。雖然容易失敗，但一旦成功，就會成為珍稀的獨角獸企業（**指企業價值超過十億美元的未上市新創企業**）。如果有幸參與扶植獨角獸企業的工作，日後也會有本錢向孫子吹噓自己曾經參與這個神話。

第 5 章

世界的真相

1 汽車產業的未來

蘋果公司、Google與汽車公司

汽車會用到大約一百個ECU（Engine Control Unit：引擎控制單元，是一種使用系統電子電路進行控制的裝置）和大約三百個相關軟體，它們會利用來自感測器的資料來驅動致動器，自動駕駛則是將之換成GPU（Graphics Processing Unit：圖形處理單元）與軟體，來控制汽車的每一個部分。

目前汽車導航只會顯示已匯入的地圖，不會持續連線並更新道路資訊。如果想要即時取得最新的道路資訊，智慧型手機會是比較理想的選擇。如果想使用智慧型手機的汽車導航，可以選擇Car Play、Android Auto、Smart Device Link。不過，智慧型手機的功能再怎麼強，蘋果公司與Google也不會考慮自行製造汽車。

當汽車導航被智慧型手機取代，隨之而來的就是自動駕駛系統。只要設定目的地，自動駕駛就會透過感測器取得道路、周遭景色的資訊與最新交通狀況，再利用

GPU與軟體替駕駛控制車子。而能否因應突發狀況，例如突然下起大雪或大雨，就端看GPU的性能優劣。

就汽車的專利申請而言，安全性能或車體相關的專利要比內燃機這類動力裝置的專利來得多。但在這個技術領域，蘋果公司或Google無法與其他廠商一較高下。如果他們闖進這個專利網來打造新型汽車，恐怕還得收購某間汽車公司才行。而與其收購一家汽車公司，不如讓多家汽車公司提供軟體，這才是一個比較合理的生意。

不管是蘋果公司還是Google，都將自家的軟體置於封閉領域，是絕不能放手的資產，轉換成開放領域是談都不必談的事。本田與Google母公司旗下的Waymo自動駕駛汽車公司的合作之所以破局，完全是因為專利分配不均的問題。

名古屋大學的新創公司Tier IV發表了自動駕駛軟體Autoware，一般人可以免費使用。Tier IV不只以日本為基地，更透過與歐美企業合作的模式不斷進行實測，這套自動駕駛軟體也因此不斷進化。如果成功，並以Linux這類開放原始碼軟體的模式進行市場滲透，這家公司很可能在自動駕駛這個領域大有斬獲。

豐田在二〇一八年發表了e-Palette Concept。這套行車控制介面可以搭載其他公司開發的自動駕駛套件，目前已與亞馬遜、Uber一起進行實地實測，之後也打算與出資的馬自達、Subaru、Suzuki、大發、日野等企業繼續進行日規自動駕駛的開發。

本田於二〇一八年十月發表與GM一起開發Level 5的全自動駕駛系統，這個聯隊研究的是美規的自動駕駛系統；日產則與雷諾、三菱汽車共同研究歐規的系統，但這三方能否繼續攜手合作，恐怕還在未定之天。

日本的汽車公司數量眾多，合作本來就不限於日本本土，所以，試著與全球各大汽車公司合作，才是通往未來的生存之道。

自動駕駛的法律責任？

全球已開始討論Level 4全自動駕駛相關的法律問題。

以往民事損害賠償責任是建立在駕駛有過失的前提上，因此，在這個前提下，即使是全自動駕駛系統，駕駛也必須隨時注意行車狀況，有義務應對意外的處理；而若是因為系統無法正常連線而造成車禍，則需要追究架設基地台或相關業者的責任；如果是GPU或軟體的問題，則要對設計師究責。

所謂的全自動駕駛，就是不需要手動駕駛的意思，所以責任當然不在駕駛身上，而是在軟體設計師身上。但這之間有多少因果關係目前還無法釐清。假設我們的社會允許全自動駕駛，那麼或許可以由整個社會來賠償其意外損失。但這種由整個社會來賠償的做法，會演變成要讓那些與車禍無關的人也要負起部分責任的局面。因此，若不先釐清這個部分，就無法達成法律與社會的共識。但要是再拖下去，就追不上技術的進化了。

「汽車」要「賣」什麼？

今後的汽車市場或許會像以往的電腦市場那樣，出現零件宰制整個市場的情況。

一九九〇年代中期的個人電腦市場，電腦的整體設計、核心零件的半導體、軟體以及銷售管道，全都掌握在IBM這類成品製造商手中；等到微軟推出視窗系統（Windows），英特爾推出MPU後，「Wintel」就成了關鍵性的基石，市場也轉而由製造零件的廠商所宰制。甚至有些好事者揶揄：那些個人電腦製造商能製造的只有主機殼罷了。簡言之，市場被零件製造商整碗端走。

在個人電腦市場出現的情況會不會也在汽車市場出現？這個問題一直都有爭議。就如同英特爾之於個人電腦，智慧型手機製造商、材料製造商、零件製造商等已成為汽車行業的關鍵性基石，也很有可能全面宰制這個市場。而我的答案是，這情況確實有可能會出現。例如，自動駕駛的軟體與超高效能的電池，都可能成為宰制市場的零件。在不開冷氣的情況下，車用鋰電池現在最多只能跑兩百公里，如果改以在海中蘊藏量非常大的鎂來製作電池，理論上可連續行駛超過一千公里。儘管有一些技術問題，不確定能否產生汽車所需的動能，但如果從過去的技術催生出水準更高的技術，這樣的突破就很可能成為新的發展關鍵。

不過，個人電腦市場的殷鑑不遠。汽車公司為了將這類關鍵性技術盡收囊中，不斷尋求與其他公司合作或進行併購。在日本經濟規模中，汽車產業占有相當高的比重，日本的大學或是創投公司會對此結果造成很大的影響，它們的參與應該也是很有意義的。

銷售數量減少

汽車銷售數量可能減少的元凶並非自動駕駛系統，而是隨著汽車的共乘、共享進化所形成的新商業模式。這個問題在於：共乘、共享這種利用資料／數據開創的新市場，對於要定期購買新車的傳統市場會造成多大的影響。

大部分的人應該都知道，汽車停在停車場越久，所浪費的社會資源就越多。以日本為例，住在鄉下的人很常開車，所以很需要擁有一部屬於自己的車。反觀住在都市的人，除了有大眾交通工具可以選擇，共乘、共享已慢慢進入日常生活中，所以決定不買新車的人也就越來越多了。

為了因應這個情況，汽車公司所採取的一個策略是打造出客製化汽車服務，希望讓顧客愛上擁有專屬汽車的感覺。之後的汽車有可能朝向兩個方向發展：一是共享使用的車款，外觀或性能都可能與高爾夫球車類似；一是個人持有的車款，也就是外觀帥氣的私家車。

我曾經因為很喜歡第一代本田掀背式Accord車款而推掉已經拿到內定的公司工作。我向指導教授鄭重道歉後進入汽車公司服務。即使到了現在，我仍然渴望擁有一輛造型時髦的汽車。

2 SEP（標準必要專利）

通訊業界設下的戰場

要互通訊息必須先有對象，如果技術不統一就無法達成雙向溝通，所以，需要建立技術標準，而與這類技術結合的專利就稱為SEP（Standard Essential Patent：標準必要專利）。雖然有「必要」兩字，卻不是由誰來認定，而是採取自行申告的制度。

利用各種產品進行通訊，馬上就會產生各種利害關係的衝突。現今汽車業界與通訊業界，這兩個壁壘分明的陣營，正準備展開跨業界的競爭。在過去，對汽車公司來說，自家產品的賣點在於汽車的安全性與性能的差異，所以會覺得即使在汽車上搭載通訊技術，也無法在性能上與其他公司拉開競爭差距，換句話說，就是認定通訊技術無法創造附加價值。實際上，雖然對所有的汽車來說，通訊技術都是必備，但即使進行與通訊技術相關的研發，也無法拉開競爭差距，所以只要所使用的通訊技術能與其他公司一樣穩定地接收訊號，就不會想去了解通訊技術的內容。

相較於汽車這種機械類的專利申請案，通訊技術的專利申請案的數量也非常多，內容也非常微妙，很難分辨何者為必要專利。這或許可以看成是通訊業者為了拉高專利實施費用而自行申告大量專利來作為煙霧彈的戰略。

通訊企業為了回收研發經費，會盡力主張專利的價值。尤其是當通訊市場不景氣的時候，持有大量專利的公司更會哄抬專利的價值。以二〇〇六年的全球行動電話市場來說，Nokia占三四．八％，Motorola占二一．一％。但到了十年後的二〇一六年，Nokia只剩下一．一％，Motorola也只剩下三．五％。當行動電話的銷售不佳，就只剩下手邊的專利可以拿來賺錢了。

那些為了開發5G技術已投入大量研發經費的通訊企業，一定會在汽車企業想要使用5G技術時藉機拉高專利的實施費用。對通訊業者而言，標準技術是不斷地與許多企業合作，反覆作業後決定規格，並不斷地進行實際交互測試，這是一項耗費數年光陰與數千億日圓資金的投資結果，一旦從4G邁入5G時代，就能享受超高速、大容量、多點連線的連線品質。這可說是劃時代的技術。要想享受這項成果，難道不需要支付相當的費用嗎？

這次引起戰爭的技術包括：通用行動通訊系統（Universal Mobile Telecommunications System，UMTS）、全球行動通訊系統（Global System for Mobile communications，GSM）、長期演進技術（Long Term Evolution，LTE）、高階視訊編碼（Advanced Video Coding，AVC）、數位視訊廣播（Digital Video Broadcasting，DVB）、近距離無線通訊（Near-Field Communication，NFC）。之後，還會有許多技術加入戰局，車輛間無線通訊技術（Wireless Access in Vehicular Environments，WAVE）就是其中一例。

註冊為UMTS標準的專利有一萬九千件以上，GSM則有六千件以上，LTE也有二萬五千件以上。但基本上，這些專利都是以自行申告的方式提出。換言之，這些專利未經查核是否為必要專利，只是因為自行申告而不斷增加。問題就出在這裡。

汽車公司的想法，是希望將搭載了這些標準技術的通訊裝置當成汽車零件來使用，讓持有這些通訊技術的企業在零件這一區塊進行削價競爭。說得更明白一點，汽車公司只想承擔採購零件的成本，而不想支付授權金。但是通訊企業主張通訊裝置並非汽車零件，通訊技術也能大大提高汽車的價值，所以，他們打的如意算盤是：收取將汽車售價乘以專利費率的高額權利金。

看來這場戰爭還會持續一陣子。

判決計畫

迄今，SEP的專利權人與實施人之間的紛爭，在美國與歐洲的法院接連不斷地上演。一般來說，訴訟多在該國國內進行判決，但智慧財產的訴訟卻不然，因為不管在哪一個國家，所爭的都是相同的權利、相同的產品，所以在進行判決時，通常會在意是否會對他國判決造成影響。舉例來說，二〇一七年華為與Unwired Planet[20]在英國的訴訟中，英格蘭及威爾斯高等法院做出「FRAND承諾放諸世界皆準，專利實施人不可違背條件」的判決。這項判決不僅是一個英國法院的判決，也等於是向各國法院做出宣告。FRAND是「Fair, Reasonable and Non-Discriminatory」的縮寫，中文譯成「公平、合理且無歧視」[21]。只要承諾了

20. 編按：美國智財授權公司，前身是軟體公司Openwave，二〇一二年時改名為Unwired Planet，專注於智財的授權與實施，原產品線則移出，另外成立私營企業。

21. 編按：台灣譯為FRAND原則或FRAND承諾，這是一種常見於SEP專利的授權原則，其中「無歧視」意為授權時不能對條件相等的廠商採用不同的標準。在訴訟中，有時會要求專利權人提出過去的授權合約做為證據。

FRAND，對方就不可自行變更授權條件。因此，英格蘭及威爾斯高等法院的判決也是必然的結果。

就國際商務而言，各國的專利權或判決多少存在差異，但並不特別被視作是問題。但是當電信通訊的問題浮上檯面時，有人提出意見：認為不僅是相關權利，全球相關判決也應該要一致。

在海牙設有事務局的海牙國際私法會議[22]正在審議一個名為「判決計畫」（The Judgement Project）的議題。「判決計畫」始於一九九二年，持續討論包括智財訴訟在內的民事及商事訴訟的國際法院管轄權，並建立與外國判決結果之承認與執行相關的規則[23]。說得明確一點就是，日本法院能否判斷美國專利的有效性以及專利是否在美國境內受到侵害？或是，能否根據日本的智財訴訟判決結果，在中國強制執行損害賠償與停止侵權？亦即國際間訴訟的手段以及執行問題。

就智慧財產的訴訟而言，要承認與執行外國的判決，得先解決許多困難的問題。例如，專利有屬地主義的問題，在每個國家的權利範圍也不一定相同，而且，除了損害賠償這類債權問題外，還有「停止侵權」這類影響範圍深遠的判決。另外，美國的陪審制判決常做出巨額賠償或懲罰性賠償的判決，這些判決能否直接在日本強制執行等這樣的問題。

在美國的陪審制判決中，常有日本大企業侵害美國善良市民專利的情節設定，而偽裝成善良市民的夫婦也會故意在法庭上落淚，以博取陪審團成員的同情，所以日本企業通常是落敗的一方。

日本沒有懲罰性賠償這樣的制度，所以還能以這類判決違反善良風俗為由來拒絕懲罰性賠償，但是巨額賠償這樣的制度卻已完全進入日本。沒有人知道「判決計畫」最後是否能解決這類問題，但事實上，解決這類問題已是時代所趨，國際判決有必要進行調整也已成為現今熱烈討論的話題。

22. 編按：Hague Conference on Private International Law，簡稱HCCH，為國際私法領域的政府間國際組織，致力於國際私法規則的統一工作，會員國包括歐盟、中國、日本等。一八九三年首次在海牙召開，一九五一年後成為永久性國際組織，每四年舉行一次例行會議。

23. 編按：HCCH原擬就這些議題制定公約，但之後縮小關注範圍，並在二〇〇五年制定《選擇法院協議公約》；二〇一一年對判決計畫執行評估後決定重啟，從二〇一六年開始，已提出許多公約草案版本進行討論，可望進入下一階段的外交議程。

戰爭或是合作？

專利是強力的獨占權，能制止對手的侵權產品。就算是自行申告，只要自家的專利成為標準專利，也能迫使對方支付大筆使用費，這稱為「專利箝制」（hold-up），用來形容對方無法抵抗的狀態。

決定專利是否為標準專利的標準化機構，會要求專利權人以公平合理的條件（FRAND條件）授權專利，但即使專利權人聲稱已根據公平合理的條件進行授權，實施者仍可能持反對意見！有時實施者還能以此作為不支付授權金的理由。這種假裝有意談判卻一直無法達成共識、而不支付授權金的行為，稱為「反向箝制」（hold-out）。

就5G的發展而言，汽車聯軍與通訊聯軍之間並非對峙關係。汽車公司和通訊公司雙方可締結夥伴關係或是進行收購，而且，美國汽車零件供應商德爾福（Delphi）、德國汽車零件供應商博世（Bosch）、日本汽車零件供應商電裝（Denso）等這類大型零件供應商也進入市場。他們的想法各異，但目的一致，都是期待在未來爭取市場的一席之地。

此時出現了一些聯盟來進行整體協調，即公平標準聯盟（Fair Standards Alliance，

FSA）、車間通訊聯盟（Car-to-Car Communication Consortium，C2C-CC）、全球汽車連線聯盟（Car Connectivity Consortium，CCC）等，已有許多汽車公司、零件供應商及通訊業者加入。

公平標準聯盟位於比利時，這個聯盟的組成是為了讓SEP的授權能符合透明性、公平性的原則，而在價值鏈中應用。其主要成員包括BMW、福斯、本田、豐田、福特等，這些日本、美國、歐洲的汽車公司。

車間通訊聯盟也是以歐洲為中心，其成立目的在於統合車對車（V2V＝vehicle to vehicle）或車對基礎設施（V2I＝vehicle to infrastructure）的通訊規格。

全球汽車連線聯盟的成立，是為了開發出智慧型手機與車載裝置的全球連線標準，目前已有GM、戴姆勒、本田、豐田、Sony、三菱電機等汽車公司與通訊企業一起進行大規模的研究。

這些聯盟的目標在於：透過新技術達到合理而平衡的商業行為。

3 中國企業的威脅

中國會是強敵

回顧中國企業的歷史會發現，直到本世紀末，中國企業主要是在模仿日本、美國、歐洲的產品，幾乎無力自行開發新產品。

為了處理中國的山寨品，日本在二〇〇二年以官民合作的形式成立國際智慧財產保護論壇（International Intellectual Property Protection Forum, IIPPF）這個組織，之後每年組成官民共同訪問團，向中國政府提出各種要求。IIPPF曾要求中國修正法律或強化應用的項目，至今有半數以上都得到改善，顯示這些活動確實有效。

中國政府在二〇一五年十二月表示，「（中國）仍然面臨智慧財產權大而不強、多而不優、保護不夠嚴格、侵權易發多發、影響創新創業熱情等問題，極待研究解決」，承認其國內的產業狀況。為了因應這個狀況，將傾全國之力將中國打造成具世界水平的智財強國。自此，中國政府的智財戰略為之驟變。

中國於二十世紀末，高舉改革開放大旗之際，有許多日本企業進入中國市場。不過，有些行業別不可單獨進入，必須在中國政府的指導下與中國企業組成合資企業，讓中國企業有機會透過合作的機制來學習技術，否則就無法進入中國市場。

在面對山寨品的過程中，日本企業的負責人曾多次前往中國的公司，被規模遠大於自家公司的公司大樓及工廠嚇得說不出話來。中國企業的模仿是暫時性的，說到底就是學習技術的一環。他們打的如意算盤是：即使日本企業行使自身權利，這也是與日本企業接觸的絕佳機會。如果能從日本企業學到技術，或是與身為授權方的日本企業合作，就能與中國境內其他競爭對手拉開差距。日本企業則認為，這類接觸會讓中國企業在不久的將來成為日本企業的全球性競爭對手。而來自相同文化圈的國家，其企業通常擅長相同領域的技術和產品，這是因為用戶的喜好通常頗為類似。這就是二〇一〇年的狀況。

到了二〇一九年，被規劃為國家自主創新示範區的深圳向全球的企業提出邀請，美國《財星》（*Fortune*）雜誌所列的世界五百大企業，有半數以上在深圳設立研發據點，深圳也成了全球競爭的戰場。華為、騰訊、中興的總公司都設在深圳；台灣的鴻海精密工業也在深圳設立製造據點。此外，軟體、通訊、電機等企業也紛紛匯聚於深圳。深圳目前是中國廣東省的經濟特區，在特區之中，中國企業及外國企業都能享有公司稅、金融、不動產租賃等政策優惠。不過，企業過度集中會出現不良影響，現今已可看到一些端倪。例如，一旦優惠政策有所變更，就會立刻對這些企業造成影響，或是會出現整體成本急速增加以及市場飽和等問題。

儘管如此，在政策的強力支援下，深圳也已成為全球產業競爭中心之一。

4 中國企業如何擴張規模？

規模越大越好

中國的統計數字大到不知道哪裡到哪裡是正確的。雖然不至於多如白髮三千丈，但整體來說有灌水趨勢，因此，我不會在本書引用任何中國的統計數字，就算這些統計數字讓人覺得「喔喔喔，這麼厲害啊」，但實在不值得引用。

聽說中國企業每申請一件PCT專利，政府就會補助一三〇萬日圓；如果專利在美國、歐洲、日本成功獲准，深圳市會對每件專利發放六十萬日圓的夢幻獎金，其他都市也有類似的制度。

這些獎金的金額不是小數目，所以企業可以透過申請專利賺錢。由於是真的可以拿到錢，狡詐一點的企業就有可能在網路搜尋已公開的日本、美國、歐洲專利說明書，拿同樣的內容改成自己的名字再提出申請。如此一來，不禁讓人覺得，中國有不少申請案都是這麼來的吧？

據各種資料顯示，中國經濟發展在國家統計水準上已逐漸放緩。中國的改革開放是從一九七八年開始的，到現在已經過四十年的歲月。根據國家與人類一樣有一定生長週期的說法，中國也慢慢長大成人了。

企業也有生長週期，但不會與國家的興衰同步，每間企業都有自己的成長步調。企業的業務可以隨著時勢在國內不斷地成長，但之後如果打算與全球競爭，就必須盡可能放大規模。因為，若能在資金面贏過全球的競爭者，就有更多的競爭策略可以選擇。例如，可以選擇收購公司，或是將資金集中於研發部門。

常言道：「商場如戰場」，規模越大，迴旋的空間就越大，作戰計畫的擬定也越容易。

如何製造「中國中車」？

孟子曾說：「寡固不可以敵眾。」（《孟子．梁惠王上》）；孫子也曾說過「真正的戰略不是以寡敵眾，而是以相同或更多的戰力作戰」（《孫子兵法．虛實第六》）。要形成以眾攻寡的情勢，就必須比敵人先一步尋求合作或是合併，此時最重要的就是資訊。

中國政府的產業政策負責人想必知道這些道理。舉例來說，中國在製造火車時，就先在二〇一四年讓中國南車集團與北車集團合併成「中國中車」這間新公司。這間新公司的營業額高於他的外國對手，例如，龐巴迪[24]、阿爾斯通[25]、西門子[26]以及日本的各家鐵路製造商，瞬間躍上世界第一的寶座。

中國中車貪婪地向全球既有的火車企業吸收技術，它在對全球輸出火車時，會宣傳中國中車的所有火車都是根據中國的智慧財產權製造。就智慧財產權而言，只要先提出幾件改良專利的申請就能保有專利。但這一切都只是在虛張聲勢，雖然他們擬訂了擴大規模的戰略，卻因為急著學習製造技術而缺乏長期維護的經驗，所以手上只有臨時抱佛腳的技術。由於企業已經開始成長，所以這時透過企業合併放大規模，或許是言之過早。實際上，維修是一門需要經驗培養的技術，如果沒有這類經驗，就會在全球爆發產品品質疑慮。

就今後的作戰計畫而言，日本、美國、歐洲的火車製造商，如果想要維持現在

24. 編按：Bombardier，交通設備跨國製造商，總部位於加拿大。
25. 編按：Alstom，法國鐵路製造商。
26. 編按：Siemens，德國公司，旗下也有鐵路部門。

的優勢，就不該再將技術轉移給中國企業，必須將戰局扭轉成企業自行一決勝負的方向。中國中車在技術尚未成熟的情況下變成龐然大物，內部的矛盾也一定會跟著放大，今後將面對更加嚴峻的局面。所以，無論如何都必須看準時間點。

向全球出口一千萬輛汽車

中國政府正準備將中國第一汽車集團、中國長安汽車集團與東風汽車等這三家公司合併成一家。這三家公司在二〇一六年生產的汽車總數約為三五八萬輛，但這個數字其實沒什麼威脅性，因為，這三家公司加總之後才好不容易擠進全球前十名。

不過，第一汽車分別與豐田、福斯共同成立合資企業；長安汽車分別與福特與Mazda共同成立合資企業；東風汽車分別與本田、日產成立合資企業。與兩家公司創立合資企業可說是一個妙招，可以巧妙使用話術說另一方的合作對象轉移了這麼多技術，這邊也必須比照辦理以探取技術資訊。其實這些公司都不會進行不必要的轉移，但既然是由合資公司製造車輛，當然也要保證合資公司本身的產品品質。

所以，基本上，身為母公司的外國汽車公司也不得不將更多技術資訊轉移給合資企業。

中國這三家汽車企業，加上其出資成立的六家合資企業，汽車生產總量堂堂邁入一千萬輛之譜。既然是合資企業，所生產的汽車品牌目前當然是外國品牌。而合資企業未來是否還能以外國品牌的姿態存在，實在不容樂觀，因為，中國汽車企業已透過合資企業吸收所有的先進技術，有一天可能會突然解除合資契約，到時候，中方母公司會以向日方母公司賠償一定金額損失的方式、買下合資公司的工廠設備，之後製造的汽車也都將掛上中國母公司的中企品牌。

這些可不是憑空捏造的故事。大家可別忘了，一九八〇年代，日本企業就曾在台灣與韓國吃過一樣的虧。順帶一提，我曾負責替這類事情善後，所以曾親身經歷過當時的痛苦。

如果這三間中國汽車企業按中國政府的計畫進行合併，也解除合資契約，將合資企業收入中國企業囊中，就會有一間能向全球出口一千萬輛汽車的新公司誕生。之後這家公司可以整合研發，避免重複，擴大規模，並吸收全球最先進的技術，然後宣稱一切都是來自中國的智慧財產權，再向全球出口產品。如果我是中國政府的產業政策負責人，我一定很喜歡這套劇本。

規模放大的同時，商機也跟著放大。不過這是企業在成長期才有的情形，規模越大，負擔就越沉重。或許中國的汽車公司還不到失去時勢、遭受挫折的時候、但只要陷入這個困境，規模放大的優勢就會變成劣勢，很可能無法單靠汽車這項產品維持一定的規模。

有個全球共通的教訓是：當公司變成龐然大物，就會變得連稍微轉個方向都很困難；在那些老是懷念成長期成功經驗的世代成為幹部後，就會變得更難。而中國的古書可沒提過規模變大、人數變多之後的管理會變得多麼艱難啊！

中國製藥業如何急起直追

中國製藥公司的規模還不夠大，還有成長空間。中國有許多中小規模的學名藥公司，但這樣的規模無法催生出新藥。即使是已上市的廣州白雲山醫藥集團，營業額也只有三千億日圓左右。要追上日本、美國與歐洲的製藥業界的水平，還需要一段時間，所以會先從專利權已過期的學名藥來累積經驗。

製藥公司越大，研發經費越充足，開發出新藥的機率也就越高。二〇一七年，全球製藥公司的營業額排行榜冠軍是瑞士的羅氏（Roche），營業額超過六兆日圓，研發費用約占營業額二一%，也就是一兆二八七三億日圓。日本的龍頭武田藥品工業，在全球營業額排名中位居第十九名，營業額為一兆七七〇五億日圓，研發費用約占營業額十八%，也就是三二五四億日圓。可見製藥公司研發費用的比例之高，可說是各行業之冠。

不管是電子業還是汽車業，研發費用都僅在五%左右。從這一點也可以看出，新藥的開發是多麼困難。電子業與汽車業所開發的產品就算賣得不好，產品還是可以進入市場，研究成果也不會就此煙消雲散。但是新藥的開發得耗費十年或二十年的光陰，單一新藥的開發就得投資數百億日圓，而且成功率只有三萬分之一。換言之，有二萬九九九九個開發成果會成為泡影。就數字而言，每間未互相合作的大中小型製藥，公司都製造出二萬九九九九個無效的開發成果，這些無效的成果彼此重複的數量一定多得驚人，所以需要合併成大企業，之後在高額研究經費下，一邊避免重複做出無效的成果，一邊進行研發。

就效率層面而言，製藥公司當然會不斷透過合併與收購擴大規模、準備研發費用。此外，全球的製藥公司也利用AI進行開放式創新，進行各式各樣的嘗試，以便找出研發停滯不前的原因。在這個情況下，如果要為中國製藥業進軍全球市場寫一個劇本，你會怎麼寫？

由於中國人口眾多自然有高齡化的現象，在全球製藥企業眼中，中國的醫藥市場非常重要。事實上，除了中藥之外，新藥的市場幾乎都被日本、美國與歐洲瓜分。如果中國企業要奪回自己的市場，首先就應該先整合有實力的中國製藥企業，再放大企業規模，讓中國製的醫藥品在中國市場取得成功，最後出口至全球的市場獲利。

透過補助高額的研發經費，政府也可進行整體控制，避免各公司進行相同的研發；同時也避免中國的醫療資料／數據外流到其他國家。目前中國政府已對產業資料／數據加以保護。等到具有一定程度的競爭力，就能利用中國企業的優良中藥品牌生產中西合璧的混合型藥物，這樣一來，就會比沒有中藥的歐美製藥企業更具優勢。屆時，中國製的醫藥品就可以在全球市場具有相當強的競爭力。

順帶一提，這套中國製藥業的劇本只是我基於戰略原則擬定的產物，背後沒有什麼新聞來源。

日本該怎麼辦？

那麼，日本的製藥公司呢？一般來說，日本企業對於企業合併的看法比較天真。日本企業之間是彼此長期以來的勁敵，也知道彼此的企業文化不同，所以就情感而言比較排斥合併——除非市場萎縮、業績惡化，被逼得無計可施；這也是日本企業到目前為止採取的策略。除了排斥合併外，日本企業也很少合併與收購。

雖然合併有困難，但為了避免新藥重複研發，可以透過產學合作的模式擬定計畫控制全局。由於研發成果涉及利益，所以該如何分配會是一大考驗，不過還是能依照研發的投資比例合理解決。此外，日本的著眼點不在中藥，而是將日本藥打造成國家品牌，以便日後向全球的市場普及。

上述的劇本不僅在製藥業管用，也適用於其他準備與全球作戰的各個日本產業。日本企業共享彼此的資料／數據與智慧財產的這套劇本，應該能提升日本今後的全球市場競爭力。

5 中國企業智財戰略

取得急速成長所需的一切

中國的企業戰略通常與中國的國家戰略同步。為了避免國內的消耗戰，通常會先在國內創造出最強的企業，並在該企業進軍海外市場時由政府提供各項支援，以便在與其他國家的對手競爭時爭取比較大的優勢。不過使用這個手法的，也不只是中國企業，其中一個可供參考的例子就是：韓國企業進軍海外市場的手法。

在二十一世紀初期，韓國企業不管在技術、銷售還是品牌上，都明顯落後於日本、美國與歐洲的企業，但其業界在國家指導下催生出最強的企業後，先讓該企業在國內獲利，之後出口產品時傾全國之力支援，最終成功占得一定程度的海外市場。其支援內容包括提供資訊，包括哪家外國法律事務所訴訟能力強，以及訴訟費用的多寡等。一旦發生糾紛，還會利用所有外交手段幫助該企業與該國政府交涉。換言之，許多原本該由民間企業自行辦理的部分全由國家代為執行。但日本政府無法提供類似的支援，因為這些日本企業到了國外彼此就成為競爭對手，政府不能偏袒任何一方。

中國企業在全球市場取得進展的背後，正是沿用了韓國這套模式。中國企業想要得到政府所有的資源，於是對中國政府的命令照單全收。中國政府的支援資源很慷慨，中國企業會充分利用這些資源。一如戰後的日本企業，中國企業的經營者也很用心研究智財，所以智財功能也被納入其經營戰略，而且被視為不可或缺的一環。企業在中國急速成長的經營者知道，完善的智財戰略能夠扭轉他們太晚加入全球競爭的不利局面。

反觀現今的日本企業，在全球市場獲得一定的成功後，智財活動就交給專門的部門，經營者本身對於智財的了解則稍嫌不足。而企業的體制一旦成熟，專門的業務通常會交給專屬部門處理，歐美那些歷史悠久的企業也通常是如此做法。一般認為，這種模式已夠完善了。

這十年來，中國企業的全球智財戰略已然進化。例如，在某個時間點後，將企業名稱改成英文字母拼字的中國企業越來越多，這代表參加全球產業競爭的中國企業增加了。而出口產品時，只使用中文名稱的話會遇到一定的阻礙，所以英文字母拼字也十分重要，例如，ZTE（中興通信）、TASLY（天士力）、AIGO

（愛國者）、HUAWEI（華為）等，這些以英文字母拼寫的企業名稱已為全球所知。

中國企業的智財戰略值得日本企業參考之處在於：新興國家企業為了快速強化智財實力而使用哪些手法。

沒有累積，就用買的

舉例來說，從第三人手中買來的智慧財產，可以立刻強化企業的智財實力。日本企業有許多自行累積的專利，也有NIH症候群（Not Invented Here Syndrome：非我所創症候群）的問題，所以不太熱衷於購買專利，但看到中國企業的手法後便開始效法，因為這是補強自身不足之處最划算的方法。在通訊、軟體、半導體領域急速成長的歐美新興企業手上沒有太多專利，而且發明創造的能力不足，所以買賣智財可以說是其臨陣磨槍的應急之道。

一般作為買方的企業是Google、三星電子、蘋果公司、樂天等這類急速成長的企業，以及高智發明（Intellectual Ventures）、Acacia Research等這類利用手上眾多專利來興訟，而藉此一獲千金的企業。一般作為賣方的企業則是IBM、AT&T、Nokia、HP（Hewlett Packard）這些歷史悠久的機構，他們通常會有整理手邊專利的需求。

中國企業在急速成長的過程中，當然會透過購買專利來增加手上的專利數量。日本企業，尤其是電子公司，則會為了整理手邊的專利而成為賣方。

對手是誰？

日本企業應該趁現在多了解那些未來將參與全球競爭的中國企業，尤其該了解同一個行業別的企業實力，也必須與中國企業的關鍵人物建立關係，才有利於未來競爭。

以自身經驗而言，不管參加的是國內還是國外座談會，在小組討論中認識外國企業智財負責人這件事，的確對我後來的工作帶來不少幫助。身為小組成員的我在發言之前，已經調查過其他成員的企業，所以討論的時候會有一份熟悉感；回國後，也會利用電子郵件繼續與他們進行小組討論、提出問題。在各國擁有這些夥伴可說是順利進軍全球市場的祕訣，因為能藉此取得許多資訊。

最近中國、韓國、台灣等企業也常派人參加國際小組討論，認識這些朋友也非常有用。即使無法成為小組成員，這類國際小組討論都安排了許多交際時間，可以趁機多認識來自不同國家的人。在參加全球產業競爭之際，認識對手企業的經營者或負責人非常重要，只要了解對方的個性與人格特質，就比較容易預測對方會做出什麼判斷，也能與對方直接對話，找出問題的解決方案。

只要聽過參加過全球產業競爭的中國企業經營者的談話就會發現，他們已經擬定很出色的智財戰略，絲毫不遜於日本、美國與歐洲的企業，而且，他們的戰略還多了幾分挑戰者的新氣象。

中國企業的戰略目標是在外國市場獲得成功，不僅要追上日本、美國與歐洲的先進企業，還要在這些地方獲勝，所以，他們的身段極為柔軟，對於任何可能獲勝的方式都展現高度興趣。正因為他們是挑戰者，所以不太排斥新事物。而與之抗衡的日本企業如果只堅守傳統的智財活動，其所擁有的知識與經驗很快就會被逆轉。

日本政府的智財戰略主要是制定完善的國內制度，包括對地方企業、中小企業或大學等的補助，以及加速日本國內的審查速度。至於直接協助日本企業海外競爭力的政策，則是少之又少，但日本特許廳還是會向ＪＥＴＲＯ（日本貿易振興機構）的海外據點派遣智財專家，以協助日本企業處理智財事宜。只是就一般來說，在全球作戰的日本企業必須自行累積海外智財活動的經驗與知識。

在日本市場中，大中小型企業擠在同一行業別當中的產業結構會導致過度競爭，企業難以獲利。因此，日本的跨國企業通常只將日本市場視為測試市場，等到測試結束就調整商業結構，以便在海外獲利。

歐美的做法基本上與日本一樣，國家不太會介入企業的智財戰略。這意味著，日本、美國、歐洲的企業較為自由，成敗也完全操之在己。

6 美國國防授權法案

向中國宣戰

美國於二〇一八年八月通過的NDAA2019（National Defense Authorization Act：二〇一九年度美國國防授權法案），是美國國防部及相關組織的營運與活動的法律根據。這項法案包括外國投資風險審查現代化法案（Foreign Investment Risk Review Modernization Act）以及出口管制改革法案（Export Control Reform Act）。前者可於外國企業投資美國時，監控與限制該企業對先端重要技術的取得；後者則規範國內企業重要技術的出口必須先取得出口許可。這項法律在參議院全數一致通過，眾議院則獲得三分之二壓倒性多數通過。這也明確表示：美國準備對中國採取嚴格把關的態度。

這項法案包括強化台灣防衛力、禁止參加中國海軍的環太平洋軍事演習（Rim of the Pacific Exercise, RIMPAC）、中國產業間諜對策、中國伺服器活動與媒體操控對策、中國南海活動對策、限制美國政府對於有設立孔子學院的美國大學提供資金、以及與印度之間的安全保障等。此外，這項法案還針對某些中國企業做出規範措施。具體來說，美國政府不得採購華為技術有限公司（Huawei Technologies Company）、中興通訊股份有限公司（ZTE Corporation）、海能達通信股份有限公司（Hytera Communications Corporation）、杭州海康威視數字技術股份有限公司（Hangzhou Hikvision Digital Technology Company）、大華技術股份有限公司（Dahua Technology Company）等通訊與監視器製造商的產品與服務。除了這些企業外，國防部長還可以經過一定的程序，將其他企業的產品納入管制。

舉例來說，日本企業如果直接或間接透過其他製造商與美國政府機關進行交易，就會受到這項法案的管制，美方將要求企業確認自己的產品沒有上述中國企業的零件，也沒有接受上述中國企業的服務。此外，必須遵守這項法案的美國政府機關包括各州政府、軍隊、CIA、NASA、環境保護局等這類獨立行政組織、聯邦政府全額投資的企業，範圍非常廣泛。

再者，如果日本企業打算將擁有的美國事業轉賣給中國企業、或者接受中國資金或由中國裔經營者執掌的日本企業打算投資美國時，都必須接受審查。這項法案在二〇一八年八月通過之後，通用電氣（General Electric Company, GE）的中國籍首席工程師遭到逮捕，半導體被禁止出口給中國企業（福建省晉華集成電路，Fujian Jinhua Integrated Circuit Co., Ltd.，簡稱JHICC），盜取美國企業美光（Micron Technology, Inc.）記憶體儲存技術的中企及台企員工遭到逮捕；華為的CFO也被逮捕。這些新聞屢屢登上美國的新聞版面，但許多都未在日本報導。

必須先申請許可才能出口的先端重要技術包括生物科技、人工智慧與機械學習、定位、微處理器、先進的計算技術、資料／數據分析、量子資訊與量子傳感、物流、3D列印、機器人學、腦機介面（brain-computer interface）、超音速、先進材料、監視器等。從這些項目來看，幾乎包括所有可稱為「先端技術」的技術。

過去曾有多邊出口管制協調委員會（Coordinating Commitee for Multilateral Export Controls，COCOM），以及被稱為新COCOM的瓦聖那協定（Wassenaar Arrangement），兩者都是禁止向共產世界或恐怖份子國家輸出技術的協定。但這些都是政治上單方面的協定，並未明確規範限制的內容，所以，當時企業內的負責人感到非常困擾，他們甚至不知道是由誰來決定限制的內容。

相較之下，美國的國防授權法案就非常明確，它的對象就是中國，規範了與中國有一定關係的企業對美國的投資，也規範了重要技術對中國的移轉。有個違反COCOM的著名事件，就是東芝機械在一九八〇年代，將八台工具機以及控制用的

NC裝置軟體出口給蘇聯技術機械進口公司，但出口許可申請書的紀錄並不正確。美國議會對這次事件非常敏感，之後就禁止東芝集團所有的產品進口到美國。

這項國防授權法案也記載了加強同盟國合作的部分，所以，日本可能會在加強出口方面被要求比照辦理。必須密切注意。

7 傳統智財制度的極限

破綻百出的制度

專利權、商標權等是智財基本制度的基礎，而從本國向其他國家提出申請時會承認其優先權，這些概念都是為了一五〇年前的歐洲產業所設計出來的制度，所以套用在現代產業的身上就會出現許多漏洞。但話雖如此，要制定一套符合國際規範的新智財制度也沒那麼容易，因為各國都會為自家的產業打算，彼此的立場互異，幾乎不可能簽訂條約。就算只是稍微不利，也一定會有國家跳出來反對，意見很難一致。

專利權是利用自然法則的新發明，可享有自申請之後二十年的獨占權。在某些國家，會將自然法則這項條件拿掉，只要是有用的發明就可以了。這些國家的重點在於：有用的東西可以變成專利，所以那些有創意的商業模式也能被授予專利[27]。

日本的制度仍然受到「自然法則」這項條件束縛。自然等於「nature」，是個意思非常曖昧的詞彙。最先進的量子力學無法符合自然法則，也因此被全盤忽略，只以在十九世紀之前的牛頓力學為自然法則。

新型專利（或稱小發明）的制度規定，物品的形狀、構造或組合之創作等，可在申請後一定期間取得獨占權，這是對中小企業或個人發明家具有簡單創意水準的小型發明的一種保護。大部分專利的申請者多屬能投入巨額研發資金的大企業，在這樣的情況下更是需要這類保護。

許多國家都不對新型專利進行實體審查，所以它的專利期限也較發明專利來得短。此外，這類新型專利被戰後研發能力尚弱的日本企業視為珍寶，因為只要稍微改良一下就能拿到專利。現今大企業則因為新型專利不夠穩定而棄之不用。只要稍微改良一下就能擁有獨占權這樣的方式已不符合現代潮流，比較好的制度是：只要支付一定程度的授權金，就能使用誰都想得到的點子。

在日本的設計專利方面，具有美感、獨創性的物品形狀、花紋、色彩以及相關

27. 編按：台灣專利法中，發明與新型的定義中都包括「利用自然法則之技術思想」這個部分，而商業方法是一種「數學演算、人為方法或規則」，早年不能授予專利。近年來，金融專利的案件越來越多，目前的見解認為，這類專利多為商業方法與電腦軟硬體的結合，其申請標的應包括程式運作流程、或克服技術困難或解決相關問題的技術手段、並達成技術功效。換言之，商業方法要與電腦軟硬體結合，另外，由於商業方法本身的特徵通常會被認為不具技術性，要與其他具技術性的特徵（如軟體等）協同運作後有助於技術性，才會被認為對進步性有貢獻。

設計，可在公告後獲得為期二十年的獨占權[28]。商標權可用於保護產品或服務的標識（例如，文字、圖形、記號、立體形狀），其權利期限為註冊後的十年，可申請延展十年，後續亦可依照相同的方式繼續延展。

那麼，到底要申請設計專利，還是商標權？

設計專利自公告後有效期為二十年，但無法申請延展。企業於消費大眾心目中的形象往往是由設計所形塑，所以當設計獨特的產品受到消費大眾喜愛，就必須永遠維持相同的設計。像Super Cub這種以相同設計銷售長達六十年的車款，目前的設計專利制度根本無法保護這個範圍。在設計專利到期後，為了避免其他公司以相同設計的產品進入市場，可以將這類設計申請為商標；但是立體商標的註冊非常困難。

著作權的保護對象為著作物。傳統上，著作物包括小說或論文、繪畫、照片、音樂、影片等，所以日本主管著作權法的行政單位是執掌學術界的文部科學省，因此，電腦程式或電子商務這類產業競爭成果，都必須遵守文部科學省主管的著作權法。

著作權排擠設計專利

在此要先問一個問題：如果你設計出非常時髦的啦啦隊制服，你會選擇以何種權利來保護這個設計？現在的答案是：著作權。

在美國二〇一七年的判例中，即以著作權來保護設計。假設以設計專利保護設計，二十年後就會到期，而且必須在各個國家提出申請。反觀如果是著作權，就不用在每個國家申請，也能在全球主張自己的權利。許多國家還將著作權年限設定為七十年[29]。

除了美國的判例外，二〇一三年有項德國判例，認為生日火車這種小孩的木製玩具是著作權保護對象；二〇一五年日本有項判例，認為設計出眾的幼兒專用椅是著作權保護對象。著作權除了可以保護藝術文化，近年來也能用於保護產品的設計，這也是目前的世界潮流。

28 編按：日本原設計專利權期限為二十年，但於二〇一九年修法，設計專利的期限從申請日起算二十五年，並於二〇二〇年四月一日起實施。台灣的設計專利權期限從二〇一九年十一月起由十二年延長至十五年。

29 編按：台灣目前著作權的保護年限是著作人死亡後五十年，美國是著作人死亡後七十年。日本在二〇一八年修法，也將著作權延至著作人死亡後七十年。

接著，下一個問題：設計專利與著作權的保護要件有何差異？

設計專利的要件為新穎性與創作性[30]，也就是熟習該領域的人無法根據之前已為人所知的技藝輕易創作出來。但著作權的要件只需要創作與眾不同即可。以上是一般工具書所使用的詞彙，但實質上的意思是相同的。

判斷侵權的方法也是相同的。是否侵害設計專利的判斷是根據美感來進行整體觀察，判斷兩者的共同之處是否多於歧異之處；但著作權只要本質的特徵一致就足以構成侵權。以上也是以我慣用的方式敘述，意思與實際判斷侵權的準則是一樣的。產品的設計受著作權保護，其保護要件、侵權的判斷基準與設計專利一致，這樣的結果是合理的。這也意味著，著作權的門檻如果放寬，設計專利就沒有存在的必要。

全球申請設計專利最多的國家莫過於中國與韓國。但是我們無法忽略的是，全球最優秀的設計很少源自於中國與韓國。

日本的設計專利申請件數在二〇一七年為三萬一九六一件；同年，韓國的設計專利申請件數為六萬七三七四件；中國的設計專利申請件數為六二萬八六五八件。韓國的件數為日本的兩倍；中國的件數則約為日本的二十倍。

這兩個國家的設計專利申請數量之所以受到注目，是因為這兩個國家將模仿全球的優良設計視為常態，而且會在模仿之後換個名稱，在中國和韓國申請設計專利。外國車展發表新車款的第二天，中國企業就會以企業的名義在中國申請該款新車的設計專利。這在中國已是常態，所以設計專利的申請件數才會爆增。

反觀日本、美國與歐洲的企業，都不會做與其他公司設計相近的產品，因為這會讓自家品牌形象受創，所以也不需要為了避免被抄襲而去申請設計專利。

其實歐美的汽車公司很少在自己國家替自家產品申請設計專利，因此，當中國生產的山寨車頻頻問世，手邊沒有設計專利的歐美汽車公司就陷入了恐慌。

雖然設計專利與著作權非常相似，但能以明確內容註冊的設計專利還是應該在被抄襲的時候主張該設計的所有權。權利的主張這一點是設計專利受到重視的原因，所以在上述國家的申請件數會增加。

30. 編按：台灣專利法對設計專利的定義是「設計，指對物品之全部或部分之形狀、花紋、色彩或其結合，透過視覺訴求之創作」。日本意匠法（意匠即設計專利）對設計專利的定義相仿，但對應「視覺訴求」的部分是「透過視覺所引起之美的感受」。因此，在這裡是「根據美感來進行整體觀察」，並判斷設計專利與疑似侵權的物品是否產生近似的美感。

數位時代的著作權困擾

日本著作權法於二〇一八年修正後，對數位時代的權利人所遭遇的損害依程度加以分類，也對這些分類做出不同解釋。

在修正內容中，設定了著作權侵害的三種例外：首先是不屬於著作物原本的用途（例如，技術開發實驗），通常被評定為不會危及權利人利益的行為；再者，是網路搜尋這類對權利人的利益只造成輕微損害的行為；最後，是用於教育、輔助身障者、報導以及其他公益政策等，預期會有助於著作物被廣泛利用的行為。

在此之前的討論中，一方主張美式合理使用（fair use）原則，認為司法應根據社會現況判斷是否違法；另一方則主張應盡可能以法律來規定，並考慮到權利人與實施者之間的平衡。雙方陣營曾展開激辯。

而成文法的困難之處在於，必須先討論各種可能發生的情況。著作權在數位時代出現了強烈的光明面與黑暗面。在光明面，是每個人都能輕鬆地使用數位工具進行創作、使用、修改，大家都能創建著作權，以及向國際發表作品；在黑暗面，是高品質的山寨品能以匿名的方式瞬間向全球擴散。

在這三個例外提出後，這場戰爭似乎慢慢地緩和下來，至於是否真的已經終止，大家可以自行閱讀著作權法來決定。

可惜的是，日本的著作權法讀起來就像是走進了迷宮，怎麼讀也讀不透。

COLUMN

專欄　日語與蘇美語

蘇美文明是眾所周知的古代文明。一般認為，蘇美文明曾於五五〇〇年前在美索不達米亞的一小塊地區（現今的伊拉克）上繁榮昌盛。有關蘇美的紀錄可以解讀的文字寫在黏土材質的楔形文字板（cuneiform tablet）上。

最新的古代史認為，希臘與埃及文明有許多是自蘇美繼承而來，也認為蘇美的文化水準最高，後續繼承的埃及、希臘、羅馬的文化水準，則隨著時代變遷日趨低落。

源自於蘇美文明的東西非常多，例如，語言的基礎、字母的雛型、高階數學、天文學、道德、法律、文學、詩、能蓋出高層建築物的建築學、含有石油化學製品的合金等材料學、包含放射線治療及外科手術等醫療技術、滾筒印刷、女性化粧品、寶石與首飾、服飾、包含葡萄酒、啤酒、麵包、餅乾、起司、優酪等各式各樣的料理、由七個全音階構成一個八度的音樂理論以及各種樂器等等，可說是涵蓋人類生活的一切基礎。而蘇美文明的人民住在有庭院和植栽的房子，也過著與現代人如出一轍的日常生活。

蘇美地區最多只有長五百公里、寬一百公里這麼大，面積略小於日本東北地區，和現今世界很類似的蘇美，就像是時空旅行一般的存在。

如果尋找語言的根源就會發現，許多語言的基礎都源自於蘇美語。有人認為，印度的坦米爾語在文法與詞彙上都與蘇美語非常相近，也因此成為研究對象。與印度坦米爾語相似的日語也屬於同一系統的語言，可能也受到蘇美語很深的影響。

蘇美語有助詞，也具有表音文字與表意文字的結構；日語也擁有極為類似的結構。一般認為，日語有許多詞彙受到蘇美語的影響。例如，在蘇美語中，mahu是強悍之意，urubai是集團之意；到了坦米爾語，就變成mahu和orobai，發音改變了，但還是保有原本的意思。而在日語的表現，發音變成mahoroba；在古日語中，則意指「強悍的集團」。部分的人認為：「大和是國之mahoroba」中的「mahoroba」的源頭就是這裡，許多日本地名也留有這類詞彙。

此外，蘇美語的五發音是i，祈禱的發音是doumo，所以，向第五位神明祈禱會說是idoumo。有人認為，這個發音就是日本出雲（izumo）的諧音。蘇美文明習慣以編號標註神明，例如，第五位神明就是恩利爾（Enlil），楔形文字記載了許多祂的傳說，有人認為這些傳說後來都傳入日本的出雲大社。

比較合理的說法應該是：蘇美文明消失後，從那一帶向東移動的人們，對藏語以及印度的坦米爾語造成影響，最後這個影響也進入日本。

日語之所以會被列為現今最難學習的語言之一，或許是因為日語當中包括蘇美語及其他古代語言的累積，而日本人也應該與日語好好相處。

第6章

近未來的智慧資產戰略

1 成為國家規模的企業

企業比國家更重視聲譽的理由

根據將國家全年稅收與企業營業額依序排列的資料顯示，第一名的美國全年稅收為三兆二五一〇億美元，之後依續為中國、德國、日本、法國、英國。第十名為企業中營業額最高的沃爾瑪公司（Walmart）；在之後的第十至二十名中，有四家是企業；第二十至三十名中有五家是企業；第三十至四十名中有六家是企業；第四十至五十名中有八家是企業。排名越後面，企業越多。在前一百名中，國家占了三十一個席次，企業則占了六十九個席次，其中有三家是日本企業。在日本企業中，營業額三十兆日圓的豐田是第二十三名，第二十四名是印度，第二十五名是蘋果公司，第五十三名則是本田，營業額為十五兆。除了追求自身利益外，企業也越來越需要為世界盡一己之力。

此外，不管是國家還是企業，都要面對民粹主義（populism）。企業聲譽若是受到影響，動輒會讓業績迅速下滑，所以企業比國家更在乎聲譽。聲譽不會讓國家的稅收減少，所以它們不像企業那麼在意這一點。

「為了SDGs而透過ESG達成PPP」這種嶄新的縮寫簡稱已在企業之間通行。SDGs是永續發展目標（Sustainable Development Goals）的縮寫；ESG為Environment（環境）、Society（社會）、Governance（企業管理）的組合；PPP則是Public Private Partnership（公私合作夥伴關係）的縮寫。整句話的意思是「為了永續發展目標而投入環境、社會、企業管理，藉此達成公私合作夥伴關係」。

例如，WIPO GREEN（世界智慧財產權組織一項利用智財來保護全球環境的專案）就是為SDGs設計的PPP，如果企業對ESG有興趣而參加專案，就能得到用戶及消費市場的好評。如果為了自家公司而以獨占智財的方式壟斷技術，就很可能會被歸類為反社會企業而遭到消費者責難。

智財本來就是一種獨占制度，因為這樣的獨占而批評企業的確不太合理。然而，當企業的規模大到足以與國家競爭時，智財的使用方式也必須更符合公共性（publicness）。

價。

WIPO GREEN在正式成立後已過了五年，並在全球得到相當高的評價。

二〇一八年夏天，世界各地皆受到熱浪來襲，除了日本之外，美國、中國、歐洲連日高溫，本來該是冬天的澳洲甚至出現了氣溫超過三十度的日子，全球在二〇一八年都受到地球暖化現象的洗禮。

從事智財工作的每個人都應該參加WIPO GREEN專案，並對拯救全球環境盡一份心力，否則地球不只是暖化，還可能熱帶化。如果想為孩子保留一個美好的地球環境，就應該立刻參加。

國家的制度，企業的契約

國家是以專利這類特別許可的智財制度進行集中管理。企業越是能夠參與國際活動，就越不受單一國家的制度束縛。如果國家的智財制度過於陳腐、無法跟上新時代，那麼企業該如何因應？在現行的古典智財制度下，如果出現無法保護權利，或是保護範圍受到限制的情況，相關企業之間可透過契約進行協商，進而產生債權上的權利。

部分國家採用的並非法定智財（de jure），而是事實智財（de facto）。因此，簽定契約的當事人之間可以在國際上利用「區塊鏈」這項新的管理工具，而不是由國家進行集中管理。契約原本只對契約當事人有約束力，但開放原始碼軟體契約則可讓多位契約當事人更容易簽訂契約。例如，相關人士可以選擇以契約方式來規範與資料／數據相關的權利義務，而不是與國家對抗；另一方面又創造了實質的權利義務。

來控告國家的企業

企業會控告國家——這不只是限日本國內的行政訴訟。根據國與國簽署的國際投資協定，企業如果對於外國政府的立法或法院判決不滿，會有一個制度讓企業透過法律提出控告並請求賠償。只要企業不滿外國政府的做法，就能透過外國的智慧財產權法、智財制度與智財訴訟的判例控告外國政府。

其實以前就有類似的制度，但不知道是不是企業不想把事情鬧大，所以實際上並未這樣做過。但與其說是不想鬧大，其實是因為該企業還想在該國做生意，不希望外國政府找麻煩或是利用課稅等對其進行報復。不過，二〇一一年與二〇一二年，陸續有企業就智財相關的案件控告外國政府，當時受到極大的關注。

美國菲利普莫里斯[31]的香港子公司，不滿澳洲政府的菸品素面包裝[32]政策而控告澳洲政府；另外，美國禮來公司[33]也因為被加拿大聯邦法院判處專利無效而控告加拿大政府。

國際投資協定最初的用意，是為了讓已開發國家的企業在進軍發展中國家市場之際，如果發生發展中國家的政府臨時取消訂單或交易等這類情況，得以請求補償。因為，如果真的發生這種情況，即使提出控告，發展中國家的法院也不見得能做出公正的判決。

雖然國際投資協定將智財劃為受保護的投資財產之一，但是到底該如何於智財領域裡應用，這方面的討論至今仍然沒有進展。相關的實際案件也不是發生在發展中國家，而是已開發國家的企業控告已開發國家。

美國禮來公司的注意力不足過動症（（Attention deficit hyperactivity disorder，ADHD）的治療藥物思銳（Strattera）膠囊專利，被加拿大的法院判決專利無效後，就以加拿大政府對專利的實用性判斷有誤導致公司遭受損害為由，在二〇一二年對加拿大政府請求五億加幣的損害賠償。這場與外國政府的對決如果以日圓計算，損害賠償金額約為四百億日圓。

美國禮來公司的理由是：這項專利在其他國家都得到核准，為何加拿大政府不予核准？對於進入市場的藥物，學名藥企業無不虎視眈眈，一旦專利不成立，這個藥物在該國的利益就會受損。此外，只要專利在一個國家被判定無效，就算在其他國家仍然有效，這項專利的效力也會變弱，這個藥物瞬間就會成為學名藥企業眼中最好的目標。

禮來公司接下來在美國大肆展開遊說活動，以加拿大政府是不遵守智財制度的國家為由，不斷對其施加政治壓力。但最終根據加拿大政府的官網內容來看，加拿大政府已在二〇一七年三月十七日獲勝[34]。

31. 編按：Philip Morris International Inc.，一譯菲莫國際，全球菸草業龍頭，總部位於瑞士。

32. 編按：plain package，統一規定菸品包裝規格，香菸的品牌、產品名稱，以規定字體、尺寸、顏色和底色印刷；另外，包裝的七五%面積必須是菸害照片與警語。此政策始於澳洲，之後也有其他國家，例如，英、法等跟進。

33. 編按：Eli Lilly and Company，美國的跨國製藥公司。

34. 此案一開始是由加拿大學名藥廠Novopharm提出禮來的金普薩（*Zyprexa*）與思銳（Strattera）的專利權無效之訴，加拿大法院以其專利不具可利用性，判決系爭專利無效。禮來認為加拿大專利的實用性標準高出一般規範，違反北美自由貿易協定（North American Free Trade Agreement，NAFTA，此協定是由美國、加拿大和墨西哥簽署，美墨加三國在二〇一九年年底已簽署新的美墨加協定，並於二〇二〇年七月生效，取代了NAFTA），故請求仲裁，並要求補償。禮來於二〇一七年敗訴。

雖然我對這款藥物的發明內容不太了解，但是，如果美國禮來公司勝訴，後續各國在專利審查方面應該會有更進一步的合作。舉例來說，發明是否具有進步性，全憑各位審查官的主觀判斷，沒有客觀的標準，而且每個國家的情況都不一樣。在這種情況下，出現這種控告一點也不奇怪。一個國家只是因為判定專利無效就得賠償四百億日圓的話，那可是一件頭痛的事，所以只能尋求國際合作。

菲利普莫里斯一案，則是因為無法在香菸包裝上印製設計與商標，故以受商標法保護的權利被不當剝奪為由，對澳洲政府提起控訴。這項香菸素面包裝的規定是以昔日隸屬大英國協的國家為中心，再向外普及。菸草公司只好祭出最後手段，也就是透過投資協定對國家提起控訴[35]。結果，菲利普莫里斯與澳洲政府選擇透過由第三方進行仲裁，仲裁結果未公開。

如果所屬企業的專利被判定無效，或是申請禁制令未通過、智財的法律有漏洞，或是制度的運用不夠完善等，企業控告國家的情況是否會成為一種常態呢？我們不知道日本企業是否會控告其他國家的政府，但至少應該知道這種情況的確有可能發生。

35. 編按：菲利普莫里斯透過其香港子公司在二〇一一年提出仲裁，認為澳洲政府的菸品素面包裝法案（**Tobacco Plain Packaging Act**）讓該公司的商標權被間接徵收等，違反澳洲香港投資保障協定。二〇一五年，常設仲裁法院做出決定，認為菲利普莫里斯在可合理預見前開法案會引發爭議時改變公司結構，以獲得該協定的保護，有權利濫用之嫌，於是拒絕受理此案。

2 修訂法律

統一意見非常困難

企業是否關心法律修訂的主題，端看該項主題對自家公司的影響有多少。

統一產業界對法律修訂的意見是非常困難的事。例如，產業的領導龍頭會率先開發新產品，因此，也一定會盡力擴張該產品或商機的智財權利範圍，以便行使強而有力的權利；而產業的追隨者則恰恰相反，會希望對手的智財權利範圍能縮小，這樣他們才有機會推出類似的產品，而且一旦被告，也不用大費周章地蒐集證據。若法律的修訂將產生如此難以忽視的影響，雙方在意見上產生的對立便會是可預測的結果。

當一間企業擁有多項事業時，這種產業領導龍頭與產業追隨者之間的對立，就會隨著該事業在業界的地位而改變。即使該事業在國內是龍頭，但在國外有可能就是追隨者。

不同的行業也有不同的情況。專利數目不多的製藥公司會希望擁有堅不可摧的權利，但希望透過書面作業增加專利申請數量的電子公司卻沒有這種想法。

同一種藥的市場中，製藥公司與學名藥公司彼此也是對立的關係。對製藥公司來說，在專利權有效期限內，其他公司都不能推出類似產品，所以他們能獨占所有利益，自然會希望專利期限越長越好。學名藥公司則希望專利期限越短越好。因為當製藥公司的專利權到期時，他們就能低價入市，從中獲利。如果能進一步讓製藥公司的專利被判無效，他們就能擴大自家公司的機會，所以動不動就會提起專利無效的訴訟。

企業所持的意見會隨著全球化程度的高低而有所不同。就像機車這種海外銷售數量占九九%的企業，就不太關心日本的法律修訂，因為國內市場僅占自家業績的一%。反觀只在日本做生意的企業，它們就非常關心日本法律的修訂，而不太在乎外國法律的修訂。換言之，企業的意見取決於其法律是否對企業本身有利。

在正式修訂法律之前，會先召開討論修訂方向的委員會，與會人員包括企業、相關團體、律師與專利師等這類代理人、學者以及媒體。

基本上，個別企業的立場都是要維護其本身的商業利益；相關團體則是從產業界整合而來；律師與專利師如果代表日本律師聯合會與專利師聯合會出席委員會，則會根據修訂方向對其現行業務有何影響提出意見；學者則會從法律體系或邏輯性是否一致的角度發言；媒體方面則代表非專業的人士提出常識性的意見。

可見，為了修訂法律而成立的產業結構審議會、以及其下的各個小組委員會，都是由相關背景的委員所組成。

意見一致的必要

產業界的意見如果能統一，就能將法律一口氣修訂完成。我最熱心參與的遊說活動，就是為了應對外國產業間諜而對不當競爭防止法進行的修訂。

當時我所讀的美國ＦＢＩ報告指出：在日本有某個特定外國團體暗地裡從事產業間諜活動，當在日本企業任職的該國人士晉升至管理職後，就可以存取公司內部各種資訊，再以愛國心為名將重要資訊帶出，並祕密與該團體聯繫。

講到偷竊，去罰則較輕的國家偷竊當然比較合理。罰則較輕，意味著搜查也比較隨便，大部分的人對於東西是否被偷也不太關心，所以不容易發覺。而相較於當時的美國、歐洲各國和澳洲的情況，日本在技術資訊被偷竊方面的法律較為寬鬆。

我在一家公司的研究機構待了二十年，從事研究企劃與智財的工作。在這些年裡，我看到研究人員不斷地挑戰、失敗，要花上數年甚至數十年的時間才能讓研究成果得以產品化，所以，每每聽到技術資訊被竊的事情都感到很憤慨。產業間諜能跳過研發過程中的挑戰與失敗，奪走研發的所有成果，所以技術落後的國家或企業很難抗拒直接竊取資訊的誘惑。這類的法律修訂是為了保護日本的產業與提升日本的國際競爭力，所以產業界也難得地意見一致。

當時我也和平常不太接觸智財工作的美國大使館、ＦＢＩ、警察廳、公安調查廳、網路安全團體等開過資訊分享的會議，也得到他們的建議。由於官方與民間意見一致，日本的法律修訂順利完成；和國外相較，罰則提升至最高等級。此舉在產業界響起警鐘，讓產業間諜自此不敢隨意越雷池一步，各公司也同時強化營業祕密的管理。四年過去了，日本依舊是個危安意識薄弱、到處都是濫好人的社會，所以，我覺得有必要定期揪出產業間諜作為示警之用。

二〇一八年三月，美國貿易代表署（Office of the United States Trade Representative，USTR）向美國總統提出一份厚達一百八十二頁的報告——《在一九七四年貿易法第三〇一條下，中國與技術轉移、智慧財產及創新相關的法律、政策和措施的研究報告》（Findings of the Investigation into China's acts, policies, and practices related to Technology Transfer, Intellectual Property, and Innovation under section 301 of the trade act of 1974），之後中美貿易戰就爆發了。

這份報告概括性地指出產業間諜的現況，更詳細的細節——例如：產業間諜運作的模式，都包括在這份ＦＢＩ花了好幾年寫成的報告裡。被美國驅逐出境的產業間諜，通常會轉往擁有先進技術的日本與歐洲，所以，日本必須嚴加防備。產業間諜的防堵對策正準備展開第二回合。

3 從法律到產業

國際著作權法？

持有音樂著作權之類的商業工作權利人，當然希望能更加強化著作權，避免被他人濫用。但站在實施者的角度，當然希望能自由地使用網路上的服務和各種資料／數據。權利人與實施者也常因此對立。

無論是圖畫、照片、小孩隨手畫的漫畫、社群網站的文章等，都受到著作權法保護，也具有著作權。網路上到處都是著作物，未經許可進行複製就是侵害著作權。所以，每個人都可能是創作者，每個人也都可能是侵權者。

不管是哪個國家，都很難以陳舊的著作權法來規範數位世界。一般人透過網路進行交易時，不太會注意到國界問題，也不太可能邊敲鍵盤，邊想著現在是根據哪個國家的法律進行線上交易。

在歌舞昇平的時代，日本和歐洲的成文法主義象徵著法律的安定性，負擔得起，也沒什麼可挑剔的。著作權法的修訂，通常也只需要針對藝術或文化來進行。但是各國數位化的速度很快，著作權法跟不上新的趨勢。所以有人認為，與其花時間制定成文法，透過司法判決的判例法還比較符合現代的需求[36]。只是，對於採行成文法的國家而言，將立法工作交給司法去做，等於是要行政上的負責人放棄職務。這一點可沒這麼簡單。

企業的規則更重要

國際條約通常由官方主導，不過身為國際組織的WIPO很難制定全球通用的新條約，目前似乎已呈半放棄的狀態。

傳統上，在智財制度中站在彼此對立面的開發中國家與已開發國家，至今還不厭其煩地討論著智財制度是否有利於世界的無聊議題。

由於創新的速度太快，各國的政策與國際規則都來不及修訂，所以大型企業與

36. 被稱為「事實規則」（de facto rule）。

國際平台大多只採用事實規則。例如，資料／數據處理的契約就是最典型的範例。透過資料／數據而握有主導權的企業，會希望其他公司提出對他們有利的契約，之後建立一個個企業團體。這種方式會逐漸成為全球的準則。

除了資料／數據外，那些投入大筆開發資金的企業希望開發出前所未有的新產品或服務，於是通常會建立以自家公司交易方式為主的商業生態系統，以便回收開發資金。為了因應這種情況，日本企業除了學習各國法律，也得注意企業的事實規則。

4 全球通用的先使用權[37]

「無謂的投資」將不再存在

智財制度有個致命性的弱點，就是一旦有人申請專利、獨占了某項技術，其他人對相關技術的投資就會瞬間化為泡影。

資訊在世界流通的速度很快，所以，全球相關產業其實會同時根據某個想法的提示進行研發、投資。然而，現在因為智財制度的關係，那些僅僅提早一天提出申請的企業就可獨占該項技術二十年，其他企業的巨額投資則因此化為烏有，這對世界經濟整體來說無疑是相當龐大的浪費。因此，最好能考慮有效使用資金的方法。

上述問題不禁讓人想建立一項全球通用的制度，以便給予投資的企業一定程度

37. 編按：在專利上，先使用權（prior use right，一譯先用權）指「在專利申請前已在國內實施或已完成必要之準備」的狀況，是專利權效力所不及的範圍。

的保護，也就是「全球先使用權」的制度。

各國都有類似先使用權的制度，但實施範圍都只限於該國。以日本的先使用權制度來說，會將封箴的文件帶到公證場地，由公證人在封箴上蓋印確認。如此古典的制度讓人有一種「現在還在江戶時代嗎？」的錯覺。

明明技術日新月異地進化，卻得在每次進化的時候都去公證一次、由公證人蓋章證明，這實在太不符合時代所需。本田汽車曾為了了解先使用權而試著主張先使用權，結果是效率低得讓人覺得挑戰一次就夠了。

在討論全球先使用權這樣的國際規則時，必需倚賴ＷＩＰＯ。但ＷＩＰＯ因為處理南北對立以及東西對抗的事情而疲於奔命，所以無法積極制定新的國際條約與制度。

如果企業之間能透過區塊鏈建立實質規則，是不是就能建立全球通用的管理制度呢？

如果真的能建立全球先使用權制度，會發生什麼事？

在這樣的規則下，主要項目由相關人士透過區塊鏈管理。開發過程中的資訊另外放在區塊鏈外（off chain），日期則透過時間戳記（time stamp）進行管理與確認。在這樣的運作下，企業參加區塊鏈的目的是透過先使用權制度進行投資開發。至於維持整體運作並管理的組織，WIPO也許適合，但也可以交由有志管理全球事實規則的企業負責。

一般認為，區塊鏈始於「中本聰」（Satoshi Nakamoto）這個日本姓名於二〇〇八年發表的論文，可在電腦構成的網路正確記錄財產相關資訊，也可記錄財產轉移的情況。

區塊鏈可透過分散管理的方式，避免資料／數據被竄改與保障資料／數據的連續性，還能利用私有金鑰與公有金鑰來管制資料的存取；此外，也能透過工作證明達成共識，進而擁有資料／數據無法竄改以及利用時間戳記正確管理日期的特性。所有交易都被視為是一個區塊，而由區塊串成的鎖鏈會記錄在電腦中，所以又被稱為「區塊鏈」。可以利用區塊鏈記錄的財產資訊包括金融交易、不動產、動產、債權、股票、契約條件、交易履行管理等。智慧財產也屬於財產資訊之一，所以今後很有可能利用區塊鏈進行管理。

中本聰的論文其實是以虛擬貨幣為主題，但以帳簿來管理無形之物的權利關係這一點，讓人聯想到區塊鏈或許可以用來管理智慧財產。這麼做的優點是：由於它已用於數位圖片與音樂著作權管理與使用關係的管理，所以內容使用情況的管理方式非常透明，也能利用程式自動簽約。與虛擬貨幣結合時，除了能管理使用費用的支付，也能因應小額支付的需求。

智財之所以需要申請與註冊，是因為國家以中央集權的方式管理，專利是一種特別許可，這是個只有中央集權的方式才可能誕生的詞彙。如果資訊的分散式管理成為事實標準，這種特別許可就不復存在了。

區塊鏈的管理方式可分成開放式與封閉式兩種。開放式可改稱為「公有鏈」（public），封閉式可改稱為「私有鏈」（private）。公有鏈開放給所有人自由參與；私有鏈則只開放給少數人參與。

使用者可在連線網路的終端裝置上瀏覽區塊鏈中記錄的資訊；但如果能看到所有資訊，就可能會有侵犯個資的問題。所以也有將資訊存在區塊鏈以外的雲端，只將存取紀錄存在區塊鏈的方式。

區塊鏈並非無所不能，也會發生帳簿管理常有的問題，例如，無權限者將第三方的內容登錄為自己的內容，或是區塊鏈上與區塊鏈外的資料／數據不一致等問題。

為了避免全球在投資上造成浪費，我們需要全球規模的永續發展目標（SDGs）。與其各企業分頭推動永續發展目標，不如透過區塊鏈合力推動，開發改良全球環境的技術，如此一來，不就能為這個世界盡一己之力了嗎？這個想法是以全球性的規模應用納許均衡，只是現在還沒有形成全球性的運動。不過，我與外國客戶私下吃飯時，他們都很贊成這個概念。如果這個結論確實具備可行性，後續我想實際推動這類的企劃。

5 從跨國判決到國際仲裁

訴訟在本國進行最好

當技術變得複雜，來自不同國家的企業大範圍攜手合作後，也容易在企業之間掀起紛爭。因此，美國、歐洲、中國等，都希望在自己的國家進行智財訴訟。智財訴訟在全球各國都有，我認為這些國家是希望自己國家的判決能夠成為全球通用的判例；如此一來，會有更多人在他們的國家申請專利，而他們國家的判決也能成為全球的標準。

由美國主導的世界法官論壇每年都會舉辦。這個論壇總給人一種要把美國法院判決程序與判決合理化的印象，也發出了「要打智財官司，請來美國」的訊息。

另一方面，被視為智財制度起源地的歐洲，則設立了歐洲單一專利法院（Unified Patent Court, UPC），此舉似乎是要向全球宣告：歐洲的判決將主導全球。

企圖後發先至的中國，則因為其文化是什麼都可以主張自我權利，因此訴訟的數目異常地多，而一旦訴訟的數量夠多，相關的經驗也會增加。因此，總有一天，中國可以宣稱：中國的智財訴訟是全球最完善的制度。

總歸來說，美國、歐洲與中國，都希望簡化原告提起訴訟的程序，只要能讓原告來自己的國家提起訴訟，全球的顧客都會湧入自己國家的智財市場。而該國的司法只有該國的司法人員能夠處理。

對企業來說，只要能得到公平判決，在哪個國家提出訴訟都沒關係。但作為原告，提出訴訟的首選肯定是勝算較高的國家。

在智財訴訟中，由於產品在全球流通，智財的權利內容也幾乎相同，所以企業不太希望各國的智財訴訟出現不同的判決結果。但是，世界的潮流正往國家保護主義而去，智財訴訟也很可能因為政治因素而出現只對自己國家產業有利的判決。例如，若自己國家的產業是以原材料或零件為主，就有可能做出有利於原材料或零件的判決。中國最高人民法院曾在距今約十年前提出「在當前中國經濟情勢下，不應責令中國企業停止侵權」這種司法解釋。儘管無法得知這個司法解釋至今是否還有效，但法官一定記得這個司法解釋。這也意味著，因為中國企業在智財方面已經落後全球，所以最高法院要求下級法院不對中國企業發出禁令，讓他們進行調整。可見，全球的法院不可能都很公平。

日本需要更多訴訟？

日本企業的競爭，必須有美國、歐洲、中國以外的地點可以選擇。對日本企業來說，在日本打官司雖然有主場優勢，但外國企業在日本的市占率非常低，所以，日本企業將外國企業告上日本法院的機會也非常低。

打智財官司時，通常要演練對方會提出哪些反訴。假設賣了一百萬台產品的日本企業，與賣了一萬台產品的外國企業在侵權案件中互相對抗，雙方被判支付相同百分比的授權金，則日本企業支付的損害賠償金額會是訴訟對手的一百倍。考慮到這樣的計算方式，日本企業當然就不會在日本控告外國企業，而是選擇在外國提出控告。

日本國內的智財訴訟不多，原因在於日本的產業構造。每家公司都如同亂鳥入林般爭相開發類似的產品，彼此都有許多遊走在灰色地帶的案件。一旦因為一個案件掀起訴訟，就可能讓整個產業陷入難以收拾的混戰。所以，日本企業通常不會對彼此提出訴訟。

從日本的產業結構來看，日本企業應該在外國利用智財提出訴訟。如此一來，不管日本國內的訴訟程序如何修正，只要產業結構不變，智財訴訟的件數就不會增加。但還是有人強烈主張，應該把日本的訴訟修改成有利於原告。這個主張主要是認為中國、韓國、台灣都跟進美國採取懲罰性賠償制度，所以日本也應該採用。中國、韓國、台灣的仿冒企業不少，政府為了有效嚇阻這些不良企業，所以才會採取這樣的措施。

但目前日本企業已過了最初階的時期，也已經有了長足的發展。而美國是因為有各式各樣來自全球的企業匯集，其中不乏惡質的企業；考慮到其可能的作為，採行懲罰性賠償制度有其必要。所以，法律的修改要參考現實世界發生的事，否則最終會弄巧成拙。

專利與土地不同，它是一種不確定的權利，只要能找到專利無效的事由就能引發論戰。考慮到這一點，有些企業在實務上會使用其他公司的專利。就算是經特許廳審查官認可領證的專利，也有許多專利因為這類爭執而被判無效。有些同行在知道專利被判無效的機率很高時，會交互允許使用各自的專利。

如果會牽扯到任何故意侵權或懲罰性賠償的可能性，全球最謹守規範的日本經營者，一定會排除所有侵害其他公司專利的因素，也不會企圖研發有可能侵權的專利。因為他們一點都不想上演向被侵權的企業磕頭認錯的戲碼。如此一來，日本的研發就很可能因為智財而明顯萎縮。

習慣調停的日本企業

未來，仲裁或調停這類解決紛爭的方法會越來越重要。仲裁這種解決紛爭的方法在過去不太受到重視，近年來卻越來越受矚目。

仲裁的好處有很多。訴訟結束後，判決結果多半無法在國外強制執行，但許多國家都加入了仲裁協議，所以仲裁是可以強制執行的。也就是說，日本的訴訟判決無法在中國強制執行，但是仲裁判決卻可以在中國強制執行。

訴訟是公開進行，所以希望要能贏，但有些微妙的案件卻不希望它公之於眾，尤其是因為人與人之間因細故相爭的案件，或是己方陣營也可能有錯的情況，更是不希望公開審理。在這一點上，這類仲裁是私下進行的。

訴訟的屬地色彩通常非常濃厚，為了未來著想，日本企業應該積極利用強調國際色彩的國際仲裁。WIPO仲裁與調解中心是智財國際仲裁的領頭羊，日本企業應該先了解，發生問題時該如何請該中心協助。

就仲裁事宜而言，亞洲就屬新加坡、香港與韓國最積極利用國際仲裁，仲裁人則從全球聘請，也會公開仲裁人的姓名。

日本的仲裁是由歷史悠久的日本商事仲裁協會負責，但是仲裁者是哪些人？平均審理期間有多長？都未曾公開。而且在設施上，他們沒有視訊會議的設備，沒有播放證據文件的螢幕，甚至沒有網路連線。經營法友會[38]的調查顯示，曾尋求國際仲裁協助的日本企業，有半數選擇在新加坡進行國際仲裁，而非在日本。所以要活化日本的國際仲裁，首先要積極開發日本企業這類客戶，延請優秀的仲裁者並充實相關設備。

如果說仲裁有什麼缺點，那就是輸贏全在仲裁者的一念之間。換言之，仲裁沒有控告、上訴這類步驟，全由仲裁者一人決定，當事人只能選擇是否進行調停。

調停人會在當事人之間試圖統整雙方意見。例如，會在兩位當事人的旅館房間之間來回奔波，直到雙方達成共識為止。調停人通常由業界有名望的人士擔任，但

38. 編按：一九七一年成立，屬企業法務的情報交換機構。

也有令人刮目相看的熱心人士擔任。如果當事人不滿意調停內容，隨時都可以中斷。

日本企業的智財部門人員長期從事同一份工作，在該領域具備深厚的經驗，比起對該項技術只有初步了解的法官或仲裁者，遇到需調停的狀況，更偏好請調停人居中協調，再自行判斷是否要接受調停的結果。

6 專利法與競爭法，哪一邊比較強？

恐龍復活

智慧財產權法是為了獎勵發明與創作，並賦予相關權利而設立；而因應過度保護，而大幅限制第三方利益的則是競爭法。對智慧財產賦予高度獨占權利來加強對專利權人的保護，稱為「親專利」（pro-patent）；因智慧財產的獨占會限制競爭而產生不可忽視的弊端，故削弱其保護，則稱為「反專利」（anti-patent）。

美國之所以曾經出現經濟大蕭條[39]，似乎是親專利的結果，所以之後有一段時間美國都採取反專利的政策。在那之後，則是親專利與反專利等政策交互占有優勢的情況，直到現在。

不久前仍然是親專利的時代，競爭法則銷聲匿跡。甚至有人將曾風行一時的競

39. 編按：Great Depression，一九二九年至一九三三年間全球性經濟衰退，也是第二次世界大戰的導火線之一。

爭法比喻為「死去的恐龍」。直到最近，這隻恐龍復活了。而且不是只在侏羅紀公園復活，是在全球同時復活了。

二〇一七年，歐盟指控Google偏袒自家的購物服務，要求Google繳納約三千億日圓的罰金。此外，無論是日本企業還是外國企業，都曾在中國、美國、加拿大，因為汽車零件與藥品違反競爭法，最終被處以數十億至數百億日圓的罰款。這簡直就像各國競爭法的主管機關，在比賽誰祭出的罰金金額更高似的，而且這些罰金無上限的競賽至今還在反覆上演中。

歐盟認為，Google同時提供Android智慧型手機作業系統與所屬企業的應用軟體，會排擠其他應用軟體，有違反競爭法的嫌疑，所以，罰金的上限可能是其全球營業額的一〇%，而不是只根據在歐盟的市占率來計算。單純計算的結果是一兆二〇〇〇億日圓。實際上的罰金則是五七〇〇億日圓。對此，Google也於二〇一八年十月提起上訴。

競爭法是個驚人的制度，各國主管機關可基於「會對自己國家造成影響」這樣的理由，而根據企業在全球的業績判處罰金。

美國的反專利政策

在企業不斷透過自身努力而進行創新並持有專利，利用技術優勢持續作為先驅者而取得的利益並開展業務時，如果以該企業過於強大為由課處罰金，這簡直是在事後告誡該企業：不可以賺太多。這裡不是要批評競爭法，重要的是，由於有這樣的法律存在，所以必須將這類法律當成國際規則而加以警戒。

以競爭法的價格協議為例：與其重視是在哪個國家執行，不如從哪個國家受到影響的角度去判斷。如果自己國家受到的影響不大，就可將其他國家的營業額當成計算基準。外國的競爭法主管機關之所以會突然提出境外適用就是這個緣故。

而能和競爭法對抗的唯一手段就是要擁有智慧財產權。但現在的競爭法太過強大，智慧財產權相對顯得渺小。在這種局面下，向來主導市場的美國採取了反專利政策。它的理由非常明確，就是反對NPE那些只顧賺錢的公司濫用智財而破壞整個市場的行為。美國為了避免讓這些人繼續斂財，透過法律修正以及司法判決來削弱其智慧財產權。

在法律修正方面，建立了專利的領證後異議審查制度。審查方式分成兩種：一是在專利領證後九個月內提出的「核准後複審」（Post-Grant Review, PGR）；一是在領證超過九個月後提出的「多方複審」（Inter-Partes Review, IPR）。如此一來，即使是已領證的美國專利，只要事後證明該專利不具新穎性與進步性就可提出異議，進而讓該專利失效。

在司法判決方面，二〇〇六年ebay案的判決限制了專利的禁制令[40]；二〇一三年的Myriad案限制基因專利[41]；二〇一四年的Alice案則限制了軟體專利[42]。這接二連三的判決讓NPE的氣焰迅速降溫，但美國的專利也因此不再強勢。

提起智財權侵害的訴訟後，如果能獲勝，通常能獲得數億日圓的損害賠償，最多也只有數十億日圓。

美國的Alice案判決後，趨勢發生了變化，抽象概念不再具有可專利性，而專利侵權成立的機率也從二三．七%降至一四．四%。換言之，從數據看來，專利侵權難以成立，專利權也跟著弱化。或許是因為這個緣故，如果觸犯了競爭法，就會被課以數百億日圓或是全球營業額之一〇%的罰金，而且還是事後才課處罰金。單一國家的競爭法主管機關是以一己的判斷，來對全球營業額課處罰金。如此一來，曾被認為已經絕跡的恐龍似乎又能在全球暴走了。

樂觀看待未來走向

智慧財產法與競爭法在未來應該會更加整合吧！我不知道這要花多少時間，但是以獨占權為目的的專利，應該會從促進各國產業發展轉化為增進人類福祉。單純的改良發明不再具有獨占權，只利用發明人或專利權人的ＩＤ統一管理，如果有想使用該專利的人再進行授權。換言之，只要支付授權金，誰都可以使用單純的改良發明。只有基本發明[43]可以擁有獨占權。不過，如果是全球都需要的環境技術或醫療技術，即使是基本發明，還是會開放給所有人使用。至於催生該技術的企業，則可從整個社會回收相關投資。所以，恐龍還是關在界線明確的侏羅紀公園裡，別放

40. 本案原告MercExchange持有一商業方法專利，想將這個專利授權給eBay未果，提起侵權訴訟。eBay敗訴後，MercExchange聲請永久禁制令，但法院開始討論核發禁制令的標準，一路上訴到最高法院，最後美國最高法院將發給永久禁制令的核發標準提高了。

41. 編按：美國公司Myriad Genetics持有乳癌及卵巢癌相關基因BRCA1及BRCA2的相關專利（包括「經分離之ＤＮＡ」的專利，並據此警告其他實驗室不得進行BRCA基因的檢驗，因此，美國病理學會等團體對Myriad提出訴訟，一路上訴到最高法院。最後，美國最高法院做出判決，認為「自然存在ＤＮＡ或其片段」無論是否分離，都不應核准專利。

42. 編按：ＣＬＳ銀行針對Alice公司的數件專利（包括商業方法、電腦及媒體）提起確認專利無效及不侵權之訴訟，之後一路上訴到最高法院，美國最高法院認為Alice公司的專利涉及抽象概念，不符合專利法適格性的規定。

43. 編按：basic invention，也稱為尖端發明（pioneer invention）。

7 企業該怎麼做？

將智財當成合作的工具

日本的產業結構會在同一個業界裡造成多家國內企業互相競爭的局面，大家在所立足的日本市場進行消耗戰，很難創造利潤。最典型的範例（除了中國的國營企業）就是：全球的汽車公司約有一半位於日本，但在日本市場的銷售競爭過於激烈，於是會先在日本提出新發明專利的申請，所以日本的汽車公司會被彼此手上的專利牽制，導致設計的自由度非常低。如果能規定一個國家只有一間汽車公司，該公司就能先在國內穩住陣腳、賺取足夠的利潤後，再一舉進軍外國市場。如此一來，這會是多麼輕鬆寫意的局面啊。

無論是汽車業、製藥業、電子業還是化學業，都很難在日本市場獲利，所以只能轉向海外市場。但即使日本市場的情況如此，專利仍然是先申請的人先贏，因此，各家公司都選擇先在日本大量申請類似的專利。對於外國的競爭者而言，這些不會在外國申請專利，卻又免費公開專利的日本企業，無疑是最棒的教科書。

當擠得彼此水洩不通的公司當中有一間經營不善，就有可能會將設計圖便宜賣給外國企業，以求度過當下的危機，無論是在電子業還是汽車業，都曾經發生過這種情況。投資數百億或數千億日圓做出來的技術不賣給日本同業，只以數億日圓賣給新興國家的企業。雖然這是為了讓企業存續所不得不做的經營決定，但卻讓重要技術從日本流出，而新興國家的企業也因為能以接近免費的價格取得數千億日圓的研究成果，實力突然大增。

以往已出現數次這種令人難以卒睹的情況，但還是走過來了，因為當時的日本企業正處於成長期，能量很充裕。

但時代變了，在全球的產業競爭中，人們已了解到，資料／數據規模越大越實用。配合需求端開發產品才是王道，和日本的對手企業攜手合作，達成高效率目標的趨勢一定也更加明顯。後續則是在技術開發的層面建立互助共享的共通領域，在互不相爭的情況下使用彼此的智財，這也是較為合理的方式。

假設日本企業將所擁有的專利打造成大型的專利池[44]，再連同資料／數據打造成大型的智慧資產池，那會有什麼結果呢？

在日本企業服務的資深員工通常將打造專利池視為違反競爭法的行為，所以不太積極。之所以會出現這樣的成見，或許是因為這些員工曾在日本企業急速成長的時期，看過日本企業因為美國的抱怨而被迫組織一個負責與美國談判的工業協會。

不過，雖說仍有諸多層面需要考量，但美國司法部對**MPEG-2（在個人電腦上使用的影片技術）**所發出的審查函，已成為全球專利池的指南。

這封審查函指出，只要專利為有效的特定專利、可在全球進行非專屬授權、授權金合理、而且被授權人可自由開發具替代性的專利，此時就能建立所謂的「專利池」。符合上述條件的專利池並非像滄龍那樣的恐龍，也就沒有來自競爭法的威脅。

順帶一提，滄龍在電影《侏羅紀世界》中咬住地面上的恐龍將其拖入水中；牠在續集中走出池子，並在全球大暴走。

專利池是非常有效的一站式專利授權手法。日本企業必須在日本大量申請專利且不斷與其他企業發生小型競爭的時代已經結束，未來必須思考該怎麼進行有效的措施，才能在全球競爭中勝出。

44. 編按：patent pool，兩個以上的專利權人協議，針對某種技術進行專利交叉授權或共同向第三方進行授權而成立的組織。

MPEG-4這項技術是集合了Panasonic、Sony、東芝、飛利浦等約四十家企業的專利所建立的專利池，目前被授權者約有一千五百家公司。據說其中有一半以上都是日本企業的專利。這是單一技術所組成，但是由參加商業生態系統的企業提供自己的專利讓其他成員更便於使用。所以，透過商業生態系統形成一個專利池也是可行之道。

中國的大學之所以能開發AI，原因在於企業可以透過一站式授權的方式使用大學發明的專利。如果是基本部分相似的技術就予以整合，更方便國內使用，各家公司也分別將研發能量注入各自的競爭領域，如此一來，就可以有效地展開全球競爭。

日本企業的業務部門彼此交惡，技術人員也堅持所謂自給自足主義，唯獨智財部門擁有智財這種共通語言，能與其他公司建立交流管道。如果平常就常比較彼此的專利內容的話就會知道，雖然各家公司都利用電視廣告宣傳自家的技術有多麼與眾不同，但實際上許多技術的差異並不大。

如果想推動日本企業之間的開放式創新，恐怕很難只侷限在日本企業間的商業合作，尤其有許多日本企業是在全球做生意。如果能在日本產業界進行整合的話，應該有不少企業會想與外國企業合作。例如，本田就很可能會是第一個這麼說的企業，範圍僅限於日本企業的商業合作其實是不太可行的。但是，即使是在這種情況下，如果日本企業透過智財彼此合作，那就是可行的。因為它是一種工具，所以只要這項工具能合理使用就沒問題了。

假設能夠成立專利池，就能形成能有效使用其他公司專利的專利聚合體（patent aggregator），也能在基於此的延伸上進行調整。

聚合體一詞，係指蒐集物品的人或組織；攻擊型專利聚合體，指的是買入專利、利用專利權賺錢的集團。例如，Acacia Technologies、Round Rock Research、Vringo、Transpacific這類集團，但他們從未宣稱自己是攻擊型專利聚合體。反觀防禦型專利聚合體，參加的企業會讓成員的專利結合，以便和來自攻擊型專利聚合體的攻擊對抗。被稱為防禦型專利聚合體的RPX（Rational Patent Exchange）成員，包括IBM、微軟、Sony、Panasonic、NEC；而AST（Allied Security Trust）成員則有本田、福特、飛利浦、HP等這些公司。此外還有LOT（License on Transfer）與OIN（Open Invention Network）等組織存在。

舉例來說，LOT這個組織始於二〇一四年，是由Google提出的互不侵害協議，目的是確保成員的專利不會被專利流氓使用。只要身為成員的企業不放棄自己的專利，就能持續行使其權利；但如果打算賣掉專利，就必須免費授權其他會員使用。目前的成員包括本田、Canon、福特、Google等企業。

OIN則是由IBM、Sony發起的組織。只要企業願意放棄對Linux相關的系統或軟體提出任何專利主張，OIN就會將手中的專利免費授權給這些企業使用。目前參加這個組織的企業包括NEC、富士通、飛利浦，最近微軟也加入了。OIN的特性在於互相利用，比較不具有防禦與攻擊色彩。

專利聚合體就是以智財為合作工具，讓彼此能有效運用智財的聯合軍隊。OIN的進一步應用，可假設參加商業生態系統的企業都同意不主張在該範圍內的專利；而在該商業生態系統使用的專利，全部是免費授權的型態。

日本企業之間多以鬆散的聯合軍隊模式進行上述合作。但假設智財是促進合作的工具，那麼日本企業便應該建立跨業種組織以便參與更多種行業，這在全球產業競爭中能夠提供非常大的動力。因為，現今已不是日本企業在日本大量申請專利、大打國內消耗戰的時候。

8 強化全球行動力

拒外資、外國人於門外的一步棋

日本企業仰賴國家政策保護，拒外國企業於門外是個不爭的事實。日本自明治時代開始就立下了不少規範與限制，避免外國資本成為日本企業的主宰者；發展至今，也在已開發國家中培養出由自己國家的企業所領導的產業。這是很罕見的。

外資企業在GDP中所占百分比較低的國家中，外資占比最低的是蒲隆地，之後依序為安哥拉、尼泊爾、日本與東帝汶。

外資可能對日本或是上述其他國家興趣缺缺，但在許多已開發國家中，只有日本受到很好的政府保護，可以頂住來自外資的壓力。換言之，日本長久以來都透過國家政策將外資企業拒於門外。只可惜，養在溫室裡的企業通常很嬌弱，日本企業總是在國內像條龍，在國外像條蟲。

一如外資企業進不了日本國門，外國員工也很難踏進日本企業的大門。只有日本人的企業，同質性的員工較多，意見的同質性也很高，無論問誰，都只會得到一樣的答案。如果在聊天聊得很開心時，突然聽到不太懂的話題，也只會點頭附和；如果有人膽敢提出異議，一定會被打入人際關係的冷宮。

我之前曾與本田集團來自全球的智財成員共事過，包括派駐到日本的同事。例如，英國人、德國人、美國人、加拿大人、巴西人、中國人，如果再加上其他相關部門的同事，和外國人一起工作就是本田的日常風景之一。

「為了日本拚命工作」這種台詞，在那樣的情況下可說是毫無意義。想在日本全球化企業上班的外國人通常擁有不錯的國際觀，常常和他們相處的日本人也變得很有國際觀。

這些外國同事的意見都很有國際視野，也有不少值得參考的部分，而且，他們都會盡可能明確地表達自己的意見或主張，以免對他們來說是外國人的日本人聽不懂。反觀日本人之間的對話總是很模糊，曖昧得像是需要心電感應才能聽得懂，而且就算聽不懂，也通常只會點頭稱是。

除了幾本大型的經濟雜誌之外，日本媒體的報導往往侷限於當地。前美國國務卿亨利·季辛吉曾形容日本仍然是部落社會，是個部落爭端遠比國際問題重要的國家。這番話雖然失禮，卻正中紅心。

日本企業應該更積極參與全球競爭

在國家保護傘之下的日本企業，總是與同業共享同一塊日本市場的大餅，所以不需要為了壯大自己而參與全球競爭。以GDP來看以美元為基礎的出口金額，在二〇八個國家之中，日本是層級最低的第一八三名。儘管日本的GDP很高，卻無法在出口這方面與其他國家一較高下。

日本涉足出口的中小企業只占中小企業整體的二．八%；反觀製造業規模與日本相當的德國，中小企業的出口則有三〇%。兩者的差距實在太過明顯。如此看來，日本企業的活路似乎就在全球化的挑戰裡。

瑞士洛桑國際管理發展學院（International Institute for Management Development，IMD）在《二〇一七年世界競爭力年報》中指出，在接受調查的六十三個國家中，日本企業商業部門的國際經驗居然是最後一名，即第六十三名。

或許有些人以為日本的排名應該要高一點，但持續待在國家的保護傘裡，日本企業無法創造出屬於自己的國際經驗，所以才會落得如此下場。這個結果也證明，沒有國際經驗，日本企業卻仍然能撐到現在。說得好聽一點，就是接下來會有很多日本企業有機會創造國際經驗。

不過，日本企業的企業行動力也是毫無意外的第六十三名。這項排行榜是以好幾個指標計分，行動力指標是以企業在全球的活躍情況進行評比，所以算是與國際經驗相關的排名。

隨著日本與其他國家在經濟合作方面的進一步發展，日本企業再怎麼不願意也必須面對接踵而來的國際競爭。接下來得思考如何應戰，而在今後的全球戰場上，國際智財戰略則是所有員工的必修課程。

增加外國員工

美國東岸的企業大多是在二十世紀就已成立的老牌企業，公司文化與日本企業類似，兩者員工的同質性都很高，也同樣散發著停滯不前的氛圍。反觀美國西岸的企業，則從亞洲各國吸收大量人才而持續壯大。例如，在半導體方面有來自台灣的人才，在軟體方面有印度的人才，組裝方面則有來自東協各國的人才。

來自亞洲的優秀人才在美西的大學留學，之後在美西的美國企業就職，成為美國與母國之間的橋樑。真希望日本也有這樣的良性循環。為此，日本的大學應該接受更多優秀的外國學生，日本企業也應該盡量接納這些外國人，讓他們來加強與其母國企業的合作，創造良性循環。

雖然日本企業也積極進軍全球市場，但過去都只考慮在當地法人企業雇用外國員工，今後，這些外國員工將是其母國企業與日本企業之間開放式創新的橋樑，也將被定位為非常重要的角色。所以，要想強化企業的全球執行力，除了讓日本員工在國外學習外，還要持續讓外國員工以不同於以往的方式發揮其實力。

9 不能只有專家懂

太過仰賴智財專家

全體員工一起了解智財、活用智財，是智財活動的基本樣貌，但許多日本企業在這一點上都做得不夠。理由很簡單，因為沒有深入研究日本和其他國家的法律及其運用，就無法了解智財制度以及申請專利的程序。所以，通常會把這個部分交給智財部門處理，其他部門則對活用智財這個目標處於相當被動的狀態。負責處理的智財部門雖然不斷深化其專業性，但在其專業上耗費了太多時間，以至於無法達成公司上下共同在智財上有所建樹的目的。

新興國家的企業超越日本企業的案例，大大改變了日本企業的傳統智財活動。雖然有大量的專利申請案，但公司的業績還是急速惡化，造成利潤與市場的損失。從這樣的例子可知，只擁有專利是無法保護市場的；如果專利真的能用來保護市場，那麼就應該是「企業被智財守得固若金湯」才對。

作。要善用智財，就必須讓事業與智財緊密結合，這部分是要由經營者來推動的工作。經營者或許不需要知道申請專利的步驟與細節，但必須知道智財的使用方法。

無論是歐洲的老牌企業，還是在美國東岸的早期發展企業，經營高層都對智財不感興趣，總是覺得就算不知道這些，企業也能照常經營下去。日本企業也有相同的想法。反觀在全球急速成長的企業，其經營者都擁有智財方面的知識，經營高層可以直接指揮智財的運用。其實在第二次世界大戰戰後急速成長的日本企業也是如此。日本企業都應該回想一下這段過去。

本田的社長，包括本田宗一郎在內，對智財都很熟悉。本田社長有關智財的發言常被整理成智財名言錄，其中有許多可說是一針見血。我有幸屬於能夠與本田社長共事的最後一個世代，無論是過去還是現在，我總是會引用本田社長的名言，覺得與有榮焉。

在那之後，本田歷任社長在上台之前多會擔任智財主管，聽取智財部門的報告，讓智財成為自己的專長之一。Sony創辦人之一的井深大本身就持有律師執照，具有創業隔天就申請專利的見識。直到現在，Sony的智財戰略仍擁有和企業戰略一致的深謀遠慮與知識。微軟的比爾．蓋茲本來對智財一無所知，也不以為意，直到在創業初期被ＩＢＭ用智財告得體無完膚後才自我反省，並開始學習智財知識，也因此急速拉拔公司的成長。可見，能否以挑戰者的身分成長，全看經營者面對智財的態度。

在全球產業競爭中，新興的中國企業無疑是一名挑戰者。在不斷成長的中國企業中，有些經營者本身就具備談論智財的能力；幾年前還是沒沒無聞的人，現在已在負責某個中國企業的智財戰略，成為大名鼎鼎的人物——這可不是件能夠掉以輕心的事。新興企業懂得運用智財，未來就能夠持續成長。

企業不可忘記這樣的挑戰者精神，否則就可能面對衰退。如果想要警惕自己，就得將智財當作武器，透過智財預測未來的勝負，讓公司上下對於智財的發展保持敏銳度。因此，最好是由熟悉智財的經營者帶頭做出提示，或提出警訊。

讓智財的申請與訴訟成為戰術

所謂的「戰略」，就是讓部隊在有利的條件下進入戰場的整體策略，也就是將勝算拉到最高的意思；而「戰術」，則是在戰場贏得戰役的技術，也是所謂的領導統御。換言之，戰略屬於整體的安排，至於能否讓戰役獲勝則由戰術的優劣決定。不管戰略看起來多麼完美，只要輸掉戰役，結果就是落敗，也是戰略上的失敗。

在企業戰略這個大概念之前，「智財戰略」這個耳熟能詳的詞彙，其實是被定位為「智財戰術」。在智財活動中，能否贏過對手，這個標準將被用來評估智財戰術的優劣。

日本企業在過去總是認為，只要比競爭對手早一天申請大量專利，就能在智財活動與訴訟中獲勝。到目前為止，這部分的確做得不錯。

智財活動的對象是指所有的智慧資產，其中當然也包括資料／數據與解決方案。此外，資訊分析技術目前已有突飛猛進的成長，所以甚至可用來預測未來的發展。如此一來，在與個別智財戰術勝利不同的層次上，我們也能期待今後的智財活動能夠因應決定整體方向的企業戰略，及提供必要的資訊。

如果要問日本企業在推行開放式創新之際的強項是什麼？那就是日本各行各業都有許多大企業在進行全球競爭。這也是一種實事求是、腳踏實地的精神。基本上，日本企業都排斥受到金融操控，偏好利用公司內部的資金展開新的挑戰。

日本的創新資金主要是由大企業提供啟動資金，許多企業內部的新創都擁有豐沛的研發經費。此外，日本企業通常會持續支持企業內部的新創以及衍生公司（spin off）。最重要的是，其擁有壓倒性多數的人才；而且資訊集中，蒐集資訊的能力也很高。因此，擁有大規模開放式創新構想的大企業，如果開放其他公司參加，就能發揮更強的力量。

共用的基礎技術可以先打造專利池，以一站式授權的方式進行授權。與共同敵人作戰時，專利聚合體會很有效。如此一來，日本企業就能在全球作戰中占得有利的地位。

智財能夠讓所屬企業或個人的獨門技術享有獨占權的同時，也能當成與其他公司合作的授權工具來使用。如果能靈活運用智財，一定有助於因應開放式創新。為此，公司上下必須充份了解智財的功能，經營者也必須有能力擬定智財使用的戰略。

結語

日本的產業結構存在研發方向大抵相似的問題，所以很容易合作，要在各行各業建立專利池也很容易。將資料／數據連接到大數據時，應該讓彼此更方便使用彼此的專利。未來，如果一家日本企業要在外國打官司，或許能借用日本其他公司的專利來與外國公司對抗。所以，擁有類似的專利意味著能互補彼此的不足。

日本的GDP中出口的占比偏低，如果能參考企業品牌的方式使用日本這個國家品牌，或許就能強化日本企業的出口業務。

要讓都市銀行贊助日本的新創，必須具備智財評價、融資與專利流通市場透明化等這三要件。而要讓日本的大學在招攬企業的戰場上，與有心吸引企業贊助的外國大學一較高下，就必須在日本創立想與業界合作的大學，也必須參考外國大學的方式來強化自身體質。

我現在的工作位於一個大量資訊交錯的十字路口，也常常被企業徵詢意見，所以不知不覺培養了讓自己能面對各類問題提出見解的習慣。

本書是基於上述習慣寫下的個人意見，不代表我所服務的一般社團法人日本智慧財產協會的意見，也不是一般社團法人日本智財學會的意見，純粹是我個人覺得，今後如果能這麼做會比較好。

執筆撰寫本書之際，受到CCC Media House的山本泰代許多照顧，容我藉此感謝。

二〇一九年三月

久慈直登

Speculari 46

專利戰略

專利如何讓我們準確預測趨勢走向，思考戰略布局？

経営戦略としての知財

作者　久慈直登
譯者　許郁文
責任編輯　梁育慈
專業校對　魏秋綢
裝幀設計　製形所
內頁排版　簡單瑛設

總編輯　張維君
行銷主任　康耿銘

社長　郭重興
發行人暨出版總監　曾大福
出版　光現出版／遠足文化事業股份有限公司
網址　http://bookrep.com.tw
電子信箱　service@bookrep.com.tw

發行　遠足文化事業股份有限公司
地址　231 新北市新店區民權路 108-2 號 9 樓
電話　(02) 2218-1417
傳真　(02) 2218-8057
客服專線　0800-221-029
法律顧問　華洋法律事務所／蘇文生律師
印刷　成陽印刷股份有限公司

初版　2020 年 10 月 28 日
定價　420 元
ISBN　978-986-98937-1-8

國家圖書館出版品預行編目 (CIP) 資料

專利戰略：專利如何讓我們準確預測趨勢走向，思考戰略布局？/ 久慈直登作 . -- 初版 . -- 新北市：光現 , 2020.10
面；　公分
譯自：経営戦略としての知財

ISBN 978-986-98937-1-8 (平裝)

1. 企業策略　2. 專利　3. 智慧財產權
494.1　　109003309